Der Stand unserer Kenntnisse vom fossilen Menschen

von

Dr. Wilhelm Branca

o. ö. Professor für Geologie und Paläontologie an der Universität Berlin
Geheimer Bergrat

Mit zahlreichen Abbildungen

Leipzig
Verlag von Veit & Comp.
1910

Druck von Fischer & Wittig in Leipzig.

VORWORT

Wenn im Laufe der Erdgeschichte irgendein Landtier tot zu Boden sank und dann von der Natur mit Hilfe des Wassers eingespült wurde in ein Wasserbecken, auf dessen Boden es in die sich bildenden Sedimente eingebettet ward, dann liegt es begraben in Schichten desselben geologischen Zeitalters, während dessen es gelebt hatte. Aus dem Alter dieser Schichten können wir daher stets mit Sicherheit, falls nicht etwa ausnahmsweise eine Umlagerung stattfand, auf das geologische Alter dieses Landtieres schließen.

Anders beim Menschen. Zwar kommt es natürlich auch hier vor, daß er durch die Natur nach seinem Tode in Sedimente eingehüllt wird, wie jene Tiere, so daß er dann das geologische Alter jener Sedimente hat. Aber sehr häufig oder meistens ward dem Menschen nicht durch die Natur, sondern durch Menschen die letzte Ruhestätte bereitet; und dann ward er begraben in Schichten, welche zufällig dort anstanden und bereits einer vergangenen, vielleicht längst dahingegangenen Zeit angehörten. Er hat daher, wenn man später seine Knochen findet, scheinbar das hohe Alter dieser Schichten und ist doch in Wirklichkeit sehr viel jünger als diese. Aus dem Alter von Schichten, in denen Menschenknochen liegen, können wir daher keineswegs immer mit Sicherheit auf das geologische Alter des Menschen schließen; wir können vielmehr in dieser Beziehung zu argen Fehlschlüssen verleitet werden, falls nicht mit ins Grab gegebene letzte Geschenke oder andere Umstände uns anzeigen, daß es sich hier um eine Begräbnisstätte handelt.

Die nicht genügende Beachtung dieser Verhältnisse, vereint mit der nicht genügenden Sorgfalt, mit welcher man die Lagerungsverhältnisse feststellte, haben dahin geführt, daß die Angaben über das geologische Alter fossiler Menschenreste, die in früheren Zeiten gefunden wurden, vielfach ganz unsicher sind und ewig unsicher bleiben werden. Das ist der Grund, warum ich, um nicht Unsicheres fälschlich als sicher hinzustellen, im Jahre 1901 nicht von dem „diluvialen“, sondern von dem „alten“ Menschen sprach; indem ich darunter verstand die sehr wenigen zweifellos diluvialen und die viel zahlreicheren fraglich diluvialen, zum Teil wohl auch alluvialen Menschenreste, die man damals kannte.[1]

Inzwischen ist fast ein Jahrzehnt vergangen und in dieser kurzen Frist haben sich so viel neue und bezüglich ihres geologischen Alters sichergestellte Funde von fossilen Menschenresten ergeben, daß ich im folgenden stets von dem „diluvialen“ Menschen reden kann. Es liegt auf der Hand, daß, wenn diese Erfunde im selben Maße fortschreiten, wir binnen einem halben Jahrhundert ein ganzes kleines Museum aus den vereinigten Resten des fossilen Menschen werden zusammenstellen können. Unsere Kenntnis des letzteren wird dann eine sehr viel gründlichere geworden sein. Aber im großen und ganzen werden dann — so will mir scheinen — unsere heute bereits erlangten Kenntnisse der beiden Schädeltypen des diluvialen Menschen, wenn auch erweitert, so doch als in ihrer jetzigen Grundlage zu Recht bestehend ihre Gültigkeit behalten.

Im Iahre 1901 hatte ich dem fünften internationalen Zoologenkongreß in Berlin über den damaligen Stand unserer Kenntnisse bezüglich des fossilen Menschen zu berichten.[2] Daß der diluviale Mensch, zunächst einmal in tertiärer Zeit, Vorfahren gehabt haben müsse, war für Zoologen ohne weiteres selbstverständlich. Es konnte sich daher nicht darum handeln, dem Kongreß irgendwelche Spekulationen vorzutragen, wie dieser tertiäre Mensch ausgesehen haben und aus welchen Vorfahren er hervorgegangen sein könnte. Das aber um so weniger, als wir Sicheres darüber nicht wissen.

Ich habe daher damals das zusammengefaßt, was sich an positiven paläontologischen Daten des diluvialen und an negativen des tertiären Menschen mit Sicherheit aussagen ließ. Von diesem Sicheren habe ich getrennt das Spekulative, speziell das, was sich aus den damals neuen Untersuchungen Friedenthals bezüglich der Blutsverwandtschaft von Menschen und Menschenaffen ergab; Untersuchungen, aus welchen ein recht enger Grad von Blutsverwandtschaft beider hervorzugehen scheint.

[1] Das ist ein Umstand, dem P. Erich Wasmann in seiner Inhaltsangabe meines Vortrages nicht genügend Rechnung getragen hat.

[2] W. Branca (Branco), Der fossile Mensch. Verhandlungen des fünften internat. Zoologenkongresses zu Berlin 1901. Jena bei Gustav Fischer 1902. Sonderabdruck S. 1—25 (5 Textfiguren).

Der damalige (1901) Stand unserer paläontologischen Kenntnisse vom Menschen läßt sich dahin zusammenfassen:

A. 1. In **„alter“** Zeit haben wir zwei Typen von Menschenschädeln: Der eine häufigere, schon ganz wie der unsere, also höher stehend. Der andere, damals noch seltene, mit den bekannten Eigenschaften des Neandertaler Schädels, also von niedererer Bildung.

2. Die bisherigen Angaben über Menschenknochen zweifellos tertiären Alters sind sämtlich mehr oder weniger fragwürdig.

3. Das pliocäne Alter des Pithecanthropus, dessen Schädel sich eng an jenen inferioren Typus des diluvialen Menschen anschließt, ist so fraglich, daß wir von ihm als einem angeblich sicheren tertiären Vorfahren des Menschen vorerst noch ganz absehen müssen.

Seitdem ist bald ein Dezennium verflossen; und entsprechend dem allgemeinen Fortschritte unserer paläontologischen und geologischen Kenntnisse sind auch speziell die bezüglich des fossilen Menschen vorangeschritten. Aber das Ergebnis ist doch im großen und ganzen noch dasselbe geblieben wie 1901.

Punkt 1 (zwei Typen von Schädeln) hat sich jetzt dahin verschoben:

a) daß der diluviale inferiore Neandertal-Typus nicht nur an weiteren Stellen im Westen Europas, sondern auch im Süden und im Osten entdeckt worden ist; so daß nun eine ehemals größere Verbreitung desselben sich ergibt, als das 1901 der Fall war.

b) daß aber das diluviale Alter des Neandertal-Schädels[1] durch Rauffs Untersuchungen nun endgültig als absolut zweifelhaft erwiesen worden ist. Der Neandertaler Schädel muß endlich aus der Reihe der angeblich sicher diluvialen Schädel ausscheiden; wenngleich man natürlich nach wie vor von dem Neandertaler Schädeltypus sprechen kann und ich das auch hier tue.

c) daß dieser diluviale inferiore Schädeltypus auch heute noch lebend unter Australiern gefunden worden ist, wodurch die Abzweigung dieses diluvialen Neandertal-Typus von Homo sapiens als einer besonderen Menschenart, wie sie von Wilser und Schwalbe seinerzeit befürwortet wurde und werden konnte, jetzt nicht mehr

[1] Welches Alter, weil der Schädel von Arbeitern ohne jede Feststellung der Lagerung in einer Höhle gefunden worden war, den mit dieser geologen Frage sich beschäftigenden Geologen schon längst unsicher erschienen ist; was übrigens auch Virchow stets behauptet hat.

haltbar ist; dies aber um so weniger, als H. Klaatsch sogar von dem Australierschädel berichtet, daß er noch inferiorer als der Neandertaler ist. So lange man also den lebenden Menschen nicht in verschiedene Spezies teilt — was man wohl mit Recht tun könnte — so lange wird man auch den Neandertaler Typus nicht als besondere Art betrachten dürfen.

Immerhin ist die Frage, ob besondere Art oder nicht, doch eine mehr formale; das Tatsächliche bleibt bestehen, das Schwalbe durch seine ausgezeichnet scharfen Untersuchungen für diesen Typus festgestellt hat.

d) daß aber ebenso auch von den höher organisierten diluvialen Menschenschädeln seitdem neue Erfunde gemacht worden sind, so daß sich also auch deren ehemalige Verbreitung als eine größere erweist.

e) daß dieser diluviale höhere Schädeltypus möglicherweise sogar ebenso alt oder noch älter in Europa sein kann, als jener inferiore (Schädel von Galley-Hill).

B. Punkt 2 hat sich dagegen für Europa noch gar nicht verschoben. Es bleibt sicher, daß wir Menschenknochen tertiären Alters hier bisher noch nicht gefunden haben. Auch für Nordamerika und Asien gilt das wohl. Zwar ein Menschenzahn, den Frau Selenka von Java mitgebracht hat — er ist nicht bei Trinil, sondern bei Sonde gefunden — scheint mir sicher fossil zu sein. Ob er aber diluvialen oder tertiären Alters ist, läßt sich nicht sagen.

Kurz vor Drucklegung dieser Arbeit erschienen nun aber noch zwei Arbeiten von Lehmann-Nitsche und Fl. Ameghino; nach beider Ansicht soll der menschliche Halswirbel, ein Atlas, den sie beschreiben, tertiären Alters sein. Zudem aus Südamerika! das wäre das doppelt Auffallende und Interessante.

C. Punkt 3 hat sich dahin verschoben, daß die Zweifel, welche ich im Jahre 1901 an dem pliocänen Alter des Pithecanthropus äußern konnte und mußte, jetzt durch die Untersuchungen mehrerer Geologen, welche an Ort und Stelle die Lagerungsverhältnisse einer genaueren Prüfung unterworfen haben, und durch die Untersuchung mehrerer Paläontologen, welche die in jenen Schichten vorkommenden fossilen Mollusken und Pflanzen untersucht haben, noch viel mehr verstärkt worden sind, als es damals der Fall war.

Vorerst also, bis zu einer endgültigen Entscheidung über das Alter des Pithecanthropus, erscheint noch mehr Vorsicht, als mir 1901 nötig schien, geboten gegenüber solchen

Spekulationen, welche den Pithecanthropus ohne weiteres als tertiären Ahn in die direkte Ahnenreihe des Menschen stellen wollen.

Aus dieser Zusammenfassung folgt also, daß Das, was ich im Jahre 1901 in meinem Vortrag vor dem internationalen Zoologenkongreß in Berlin feststellen konnte, durch heutige Erfahrung meist nur noch verstärkt wird; bei Absehen von der Modifikation, daß besonders die Zahl der diluvialen Schädel des inferioren Typus, aber auch diejenige des höheren Typus, sich vermehrt hat, so daß jetzt also der niedere Typus sich als in damaliger Zeit verbreiteter gewesen erweist, als aus den damaligen überaus spärlichen Erfunden sicher diluvialer Vorkommen desselben hervorging. Sodann bei Absehen von dem erwähnten Atlas, der tertiären Alters sein soll.

Wenn ich in meinen Ausführungen an gewissen Funden der fossilen Schädel (und Knochen), sowie in bezug auf andere Fragen Kritik zu üben suche, meine abweichende Ansicht ausspreche, so geschieht das wahrlich nicht in dem Bestreben, besser wissen zu wollen; sondern es ist geradezu unvermeidlich für jeden, der es unternimmt, den gegenwärtigen Zustand unserer Kenntnisse von dem wichtigsten Gegenstande der Paläontologie, dem fossilen Menschen, darzulegen.

Vorausgeschickt ist die Besprechung einer Frage, die von verschiedenen Standpunkten aus verschieden beantwortet wird; sie betrifft die Bestimmung des geologischen Alters fossiler Menschenreste.

Als „Schlußbetrachtungen“ angefügt habe ich die Besprechung einer Reihe von Fragen allgemeiner Natur, die nicht speziell den fossilen Menschen, sondern den Menschen überhaupt angehen. Sie beziehen sich auf Entstehung des Lebens, auf mono- oder polyphyletische Herkunft der Lebewelt, kirchliche und naturwissenschaftliche Dogmen, Religion und Monismus.

Berlin, im August 1910.

W. B.

INHALT

I. Bestimmung des geologischen Alters fossiler Menschenreste.

Bei der Bestimmung des geologischen Alters fossiler Menschenreste haben sich öfters Meinungsverschiedenheiten ergeben, ob man dasselbe auf Grund der begleitenden fossilen Reste oder auf Grund der begleitenden Industrie-Erzeugnisse, also der Waffen, Werkzeuge, Geräte usw., bestimmen solle. Meiner Ansicht nach sind hierbei in erster Linie die stratigraphischen Verhältnisse, nach diesen die fossilen tierischen Reste maßgebend und entscheidend, viel weniger aber die Industrie-Erzeugnisse, falls diese mit jenen nicht im Einklang stehen.

Ähnlich wie heute in Europa die Kultur in verschiedenen Ländern auf einer sehr verschiedenen Höhe steht und im allgemeinen im Westen höher ist als im Osten, so ist das, bis zu einem gewissen Grade, auch in diluvialer Zeit der Fall gewesen. Der diluviale Mensch im Westen Europas hat frühzeitiger und in höherem Maße künstlerisches Empfinden betätigt, als der im Osten. Es ist daher leicht zu verstehen, daß zwei weit voneinander gelegene Fundstätten menschlicher Knochen, die durch ihre tierischen Reste tatsächlich als gleichaltrig sich erweisen, in ihren begleitenden Industrie-Erzeugnissen auf recht verschiedener Stufe stehen, d. h. nach diesen letzteren beurteilt, recht verschiedenaltrig erscheinen. Sie sind dann also trotzdem gleichaltrig, und stehen nur auf verschiedener kultureller Entwicklungsstufe.

Bei nahe zueinander gelegenen Fundstätten wird erklärlicherweise die kulturelle Entwicklungsstufe, werden also die Industrie-Erzeugnisse den Wert von Leitfossilien erlangen. Man wird mit ihrer Hilfe das relative Alter der Fundstätten feststellen können[1]. Bei fern voneinander gelegenen wird in strittigen Fällen aber stets den Lagerungsverhältnissen und den tierischen Leitfossilien die Entscheidung innewohnen.

Wenn daher z. B. Gorjanovič-Kramberger das Alter des diluvialen Krapina-Menschen nach dem begleitenden und offenbar gleichzeitig gewesenen Knochen[2] des Rhinoceros Mercki als ein relativ hohes festgestellt hat, während A. Rutot[3] auf Grund der gefundenen Industrie-Erzeugnisse es nur in das jüngere Eburnéen verweisen wollte, so stelle ich mich entschieden auf die Seite von Gorjanovič-Kramberger[4]. Dieser hatte gewiß recht, wenn er 1904 von dem Krapina-Menschen sagte: Ob er „dem Zeitalter der eolithischen oder dem der paläolithischen Industrie angehört, ist ganz einerlei. Vorläufig ist für Krapina bloß noch unentschieden, ob es in die tiefste Abteilung des Diluviums, also in die erste Interglazialzeit, oder in die etwas höhere, die zweite Interglazialzeit zu versetzen ist".

Es ist allerdings selbst gegenüber den tierischen Leitfossilien, namentlich wenn sie zu den Säugern gehören, unter Umständen Vorsicht geboten, weil auch hier zwei weit voneinander entfernt liegende Fundstätten, welche ein und dieselbe fossile Art bergen, nicht notwendig ganz gleichzeitig zu sein brauchen; denn eine und dieselbe Art braucht nicht notwendig zu gleicher Zeit sich über weite Flächenräume hin verbreitet zu haben und dann auch zu gleicher Zeit überall ausgestorben zu sein[5]. Ganz ähnlich vielmehr, wie eine und dieselbe Industrie hier früher, dort später aufgetaucht, und hier längere, dort kürzere Zeit herrschend gewesen sein kann, so kann gleiches auch von einer und derselben Tierart gelten.

[1] Obgleich selbst hier nicht zu vergessen ist, daß größere oder geringere Armut der damaligen Menschen hier und dort auch einmal bei nahe gelegenen gleichaltrigen Fundstätten diluvialer Menschen Unterschiede in den begleitenden Industrie-Erzeugnissen hervorgerufen haben kann. Freilich ist das ein Moment, welches erst durch die Entstehung relativen Reichtums bedingt wird, also erst in geologisch jüngeren Zeiten mehr in die Erscheinung tritt.

[2] Weil mit angebrannten.

[3] A. Rutot, Sur les gisements de Loess éolien d'Autriche-Hongrie. Mémoires Soc. d'Anthropologie de Bruxelles, Bruxelles 1904, Bd. XXII, S. 10—12.

[4] Gorjanovič-Kramberger, Zur Altersfrage der diluvialen Lagerstätte von Krapina in Kroatien. Glasnik Hrvetskoga Naravoslovnoga Društa, Bd. XVI, 1904, S. 1—5.

[5] W. Branca, Über eine fossile Säugetier-Fauna von Punin bei Riobamba in Ecuador. Paläontologische Abhandlungen von Dames und Kayser, Berlin 1883, S. 157: Über das Auseinanderhalten von Gleichaltrigkeit und Gleichwertigkeit fossiler Säugerfaunen.

Die Paläontologie allein kann daher unter Umständen ebenfalls nicht den Ausschlag geben, sondern es wird häufig auch rein geologischer, stratigraphischer Untersuchungen bedürfen, um das geologische Alter einer Ablagerung festzustellen, welche fossile Menschenreste birgt. Gerade für die Diluvialformation hat das erhöhte Bedeutung; denn es ist bekannt, daß die verschiedenen, als Leitfossilien bestimmter Horizonte angesehenen Säugetierarten keineswegs überall nur auf diese Horizonte scharf beschränkt sind.

Gegen diese unter Umständen unbrauchbare, rein paläontologische Methode der Altersbestimmung haben sich daher mit Recht neuerdings Siegert, Naumann und Picard [1] gewendet gelegentlich der von Wüst gemachten, voneinander abweichenden Altersangaben über die berühmten Kalktuffe bei Taubach.

Recht deutlich zeigt sich solche Differenz z. B. auch in der Zeitdauer der ältesten menschlichen, der Eolithen-Industrie. In der sogleich wiederzugebenden Tabelle nach A. Rutot endet die eigentliche Eolithen-Industrie im Westen mit dem Ende des Mesvinien. In Deutschland dagegen reichen die Eolithen, wenn Fr. Wiegers recht hat, bis in die Chelléenzeit hinein [2].

Zum besseren Verständnis gebe ich im folgenden zunächst (S. 4) eine Tabelle der verschiedenen Industrien, wie sie sich aus den neuesten Arbeiten A. Rutots [3], des unermüdlichen Forschers auf diesem Gebiete, ergibt. Das Eolithicum teilt sich danach in sechs Industrie-Epochen ein, von Thenay bis zum Mesvinien. Eine Übergangsbildung vom Eolithicum zum Paläolithicum würde die Industrie des Strépyin darstellen. Darauf folgt das eigentliche Paläolithicum wieder mit sechs Industrie-Epochen.

Daß sich diese Industrie-Epochen keineswegs überall mit gewissen Arten fossiler Säuger, also mit bestimmten geologischen Epochen decken, ist soeben gesagt worden. Ich vermeide daher eine Parallelisierung beider.

[1] Centralbl. f. Mineralogie, Stuttgart 1910, S. 111.

[2] Fr. Wiegers, Die diluvialen Kulturstätten Norddeutschlands und ihre Beziehungen zum Alter des Löß. Prähistorische Zeitschrift, Südende-Berlin 1909, Bd. I, Heft 1, S. 14.

[3] A. Rutot, Les aspects nouveaux de la Préhistoire en 1906. Bulletin Acad. Royale de Belgique. Séance 15 déc. 1906, Brüssel 1906, S. 915—960. Vergl. auch Rutot, A., Géologie et Préhistoire. Bull. Soc. géol. Belge de Géologie, de Paléontologie et d'Hydrologie, Bd. XX, 1006, Bruxelles, Mémoires S. 3—43, wo für die jüngeren Industrien andere Namen angewendet sind.

Aufeinanderfolge der menschlichen Industrien.

Paläolithe	1.	Magdalénien.	
	2.	a) Oberes Solutréen. b) Unteres Solutréen.	
	3.	Präsolutréen oder Aurignacien	Font Robert. Cro-Magnon, Aurignac, la Ferrassie, Gorge d'Enfer (Spy in Belgien). Eburnéen: Die Kunst beginnt sich zu regen. Herrlich geschlagene Steinwaffen beginnen. Knochenwerkzeuge beginnen.
	4.	Moustiérien.	Noch keine Knochen oder Elfenbeingeräte.
	5.	Acheulien II. I.	Feiner geschlagene Werkzeuge, auf beiden Seiten mit kleinen, zahlreichen Schlägen zugeschlagen.
	6.	Chelléen.	Grob geschlagene Werkzeuge, auf beiden Seiten mit großen Schlägen zugeschlagen.
	7.	Strépyin.	Zum erstenmal mit Absicht zugeschlagene Werkzeuge, also Beginn einer Phantasie.
Eolithe	Unt. Quartär.	1. Mesvinien. 2. Mafflien. 3. Reutélien.	
	Jüng. Plioc.	4. Kentien,	Plateau von Kent.
	Unt. Plioc.	5. Cantalin.	Aurillac, Cantal. (Ota in Portugal aber wegfallend.) Puy Courny, Puy de Bondin.
	Ober. Oligoc.	6. Thenay.	Keine absichtlich geschlagenen Werkzeuge, aber fünf primitive Betätigungen verratend (Percuteur; couteaux; racloirs; grattoirs; perçoirs).

II. Zwei fossile Haupt-Schädeltypen.

In diluvialen Schichten kennen wir bekanntlich zwei stark verschiedene Schädeltypen. Auch innerhalb eines jeden Typus zeigt sich allerdings und erklärlicherweise bei den verschiedenen Schädeln keine absolute Uniformität; aber immerhin kann man doch einen höheren Typus unterscheiden, dessen Schädel schon ganz so gestaltet sind, wie heutige Europäerschädel, und einen inferioren, der sich an Schädelbildungen der heutigen Urbevölkerung von Australien anschließt, in der Massigkeit und Kinnlosigkeit des Unterkiefers auch an Eskimos (S. 20).

Die kennzeichnenden Merkmale des inferioren Schädeltypus zerfallen nun aber, wie mir scheint, in zwei sehr verschiedenwertige Kategorien:

I. Als höherwertige, d.h. als wichtigere, ausschlaggebendere Merkmale sind offenbar die fliehende Stirn und die geringe Höhe des Schädeldaches anzusehen; denn beide bewirken, ceteris paribus, daß der Schädelinhalt geringer, die Masse des Gehirnes also geringer, speziell auch die Entfaltung der vorderen Hirnlappen gehindert wird. Man darf nur nicht übersehen, daß, sobald ein solcher Schädel stark nach hinten sich verlängert, die Masse des Gehirnes, trotz fliehender Stirn und geringer Höhe des Daches, sehr wohl ungefähr dieselbe sein kann, wie bei einem höheren, kürzeren Schädel. Es ist ebenso auch nicht zu vergessen, daß, innerhalb gewisser Grenzen, nicht die Masse des Gehirnes das Entscheidende ist, sondern einerseits die Struktur, anderseits wohl auch das Verhältnis, in welchem die Masse des Gehirnes zur Masse der anderen Nerven des Körpers, speziell des Rückenmarkes, steht.[1] Bei den niederen Tieren ist in dieser Beziehung ja die Gehirnmasse relativ gering; beim Menschen relativ am größten, aber wohl im allgemeinen bei den Trägern des inferioren Schädeltypus nennenswert weniger groß als bei denen des höheren Schädeltypus.

Der Mensch steht als das Gehirnwesen par excellence den übrigen tierischen Lebewesen gegenüber, so daß man diejenigen Schädelmerkmale, durch welche das Gehirn, sei es in seiner relativen und absoluten Masse, sei es in der Anordnung seiner Teile bedroht und verändert wird, in diesem Sinne als die höherwertigen oder wichtigeren bezeichnen darf.

II. Die in diesem Sinne minderwertigen Merkmale des inferioren Schädeltypus zeigen sich außen am Schädel vor allem an den stark vorspringenden Überaugenbrauenwülsten, durch welche das Gesicht ein finsteres Aussehen erhält. So sehr kennzeichnend dieses Merkmal auch äußerlich für den inferioren Typus ist, so sehr es sich auch bei Affenschädeln findet, an innerem Werte kann es sich auch nicht entfernt mit jenen höherwertigen Merkmalen messen. Es ist nichts als ein äußeres Vorgebirge am Schädel, mit starker Entwicklung der Stirnhöhlen Hand in Hand gehend; wobei zudem nicht zu vergessen ist, daß bei Affen keineswegs starke Augenbrauenbogen stets mit entsprechenden Stirnhöhlen Hand in Hand

[1] Eugen Dubois, Über die Abhängigkeit des Hirngewichts von der Körpergröße bei den Säugetieren. Archiv f. Anthropologie, Bd. XXV, Heft 1 u. 2, S. 1 bis 28, Braunschweig 1897. Auch in Verhandl. Kon. Akademie van Wetenschapen te Amsterdam, Deel V, N. 10. April 1897. Vergl. auch Joh. Ranke, Der Mensch. Bd. I, S. 551—552 und Korrespondenzbl. deutsch. Ges. f. Anthrop., Ethnol., Urgeschichte, Bd. XXVI, 1895, S. 100—106.

gehen. Es wäre gleichviel, ob der Mensch an ihrer Stelle Stacheln oder Hörner über den Augen hätte — in keinem Falle würde das Gehirn dadurch beeinflußt.

Ebenfalls lebhaft an das Tierische erinnernd und trotzdem von viel geringerem Werte als jene beiden höherwertigen Merkmale ist ein zweites Vorspringendes, die starke Ausbildung des Gesichtsteiles mit den Kauwerkzeugen, die Schnauzenbildung, die Prognathie. Ganz abgesehen davon, daß die eine Form der Prognathie, die alveolare, nur dadurch bedingt ist, daß die vorderen Zähne, anstatt senkrecht zu stehen, schräg nach vorwärts gerichtet sind — wie das z. B. im Übermaß die Incisiven am Schweineschädel zeigen — so finden sich doch auch unter lebenden Europäerschädeln völlig negerhaft prognathe.

In gleicher Weise das Tierische verratend sind beim inferioren Schädeltypus am Unterkiefer die Massigkeit und Höhe des horizontalen wie des aufsteigenden Astes, sowie das Fehlen eines vorspringenden Kinnes, auch das Fehlen der Spina mentalis, eines kleinen Vorsprunges auf der Innenseite der Symphyse, das man mit dem damaligen Fehlen der Sprache in Beziehung bringt. Wenn dem ganz sicher so sein sollte, dann könnte man die Spina mentalis ebenfalls zu jenen oben erwähnten höherwertigen Merkmalen zählen.

Dazu kommt dann noch eine starke Ausbildung des Gebisses als inferiores Merkmal von minderwertiger Bedeutung.

III. Neueste Erfunde[1] (seit 1901) fossiler diluvialer Menschenschädel in Europa.

Ich unterscheide drei Gruppen von Schädeln: 1. Inferiore (Typus Neandertal); 2. Höhere (Typus Cro-Magnon); 3. Zwitter-Schädel, welche Merkmale beider Typen vereinigen. Da die Natur aber nicht nach dem vom Menschen gemachten Schema bildet, so findet sich in jeder der drei Gruppen natürlich nicht völlig Gleiches.

Es soll im folgenden nur von den Schädeln die Rede sein, nicht auch von den anderen Knochen des Skelettes, soweit solche etwa auch mit gefunden worden sind. Freilich zeigen sich ja auch an

[1] In den folgenden Angaben ist nicht Vollständigkeit aller neusten Erfunde angestrebt, zumal die Literatur bisweilen sehr schwer zu erlangen ist.

letzteren gewisse Merkmale, die zu verwerten sind. Nirgends aber hat man bisher fossil ein menschliches Skelett gefunden, das in den gegenseitigen Größenverhältnissen von Beinen und Armen an die Verhältnisse erinnert, die für die heutigen Menschenaffen so überaus kennzeichnend sind: Sehr lange Arme, kurze Beine. Voll und ganz sind vielmehr die gefundenen fossilen Skelette in dieser Beziehung echt menschlich. Auch bezüglich des Beckens, das natürlich bei den Menschenaffen, da sie vierfüssig gehen, ein anderes ist als beim Menschen, gilt ungefähr Entsprechendes; doch hat man hier und da Andeutungen gefunden, aus denen eine weniger aufrechte Haltung des betreffenden fossilen Menschen gefolgert wurde.

I. Schädel des höheren Typus wie bei dem heutigen Europäer.

Als kennzeichnend für diesen Typus kann man den längst bekannten Schädel von Cro-Magnon betrachten, der heute jeden geistig hochstehenden Mann zieren würde. Er gehört nach Breuil dem Präsolutréen, nach anderen dem Magdalénien, jedenfalls also keiner alten Stufe des Diluviums an.

1. Ein Schädel in der Gough-Höhle bei Cheddar ist im Jahre 1904 gefunden worden, der diesem höheren Typus angehört, keinerlei auffallende, d. h. inferiore Merkmale zeigt. Das Alter dieser Reste wird von Davies nach den gefundenen Steinwerkzeugen als das des Magdalénien vermutet. Rhinoceros tichorhinus, Cervus megaceros, Höhlenbär und Höhlenlöwe usw. wurden gefunden.[1]

2. Aus der Romanelli-Castro-Höhle, Terra d'Otranto in Süditalien, haben ferner Stasie und Regalia[2] aus der mittleren Lage der Höhlenschicht drei menschliche Skelette im Jahre 1904 zutage gefördert, welche ebenfalls, da nichts Entgegengesetztes gesagt ist, dem höheren Typus anzugehören scheinen. Diese mittlere Lage scheint dem letzten Interglacial anzugehören; in der tieferen Lage fanden sich Elephas antiquus und Rhinoceros Mercki.

[1] Henry Nathan Davies, The discovery of Human Remains under the Stalagmite Floor of Gough Cavern, Cheddar. Quart. Journ. geolog. Soc. London 1904, S. 335 bis 348, 8 Textfig. u. 1 Taf.

[2] Archivio per l'Antropologia e la Etnologia, Firenze 1904, Bd. XXXIV. Ich zitiere nach Neues Jahrb. f. Min., Geol., Pal., 1906, Bd. I, S. 131.

3. Bei Combe Capelle, nahe Montferrand-Périgord, ist dann kürzlich durch die Ausgrabungen, welche Hauser und Klaatsch im südwestlichen Frankreich gemacht haben, ein ganzes Skelett eines älteren diluvialen Menschen zutage gefördert worden. Der Ort liegt etwa 5 Meilen von Le Moustier, das diesem Zeitalter den Namen Moustiérien gegeben hat. Dieser Schädel weist ebenfalls einen durchaus europäischen Bau auf. Es ist ein starker Langschädel, gut gewölbt, mit aufsteigender Stirn, keine Spur von Beschränkung des Gehirns, von fliehender Stirn, von dickwulstigen Augenbrauenbögen, von vorspringender Schnauze. Kurz, ein Schädel, dessen sich ebenfalls der Kulturmensch der Jetztzeit nicht zu schämen brauchte. Aber am Unterkiefer zeigt sich ein inferiores Merkmal: Das Kinn fehlt fast ganz. Man könnte ihn darum auch zu den Zwitterschädeln stellen. Nach den bei ihm gefundenen, dem Toten mitgegebenen Werkzeugen wird er dem Aurignacien zugerechnet; also einer Epoche, die älter ist als das Magdalénien Er ist daher als H. Aurignaciensis Hauseri bezeichnet worden.

4. Bei Mentone, in der Grotte des Enfants, endlich ist gleichfalls ein dem höheren Typus angehörender Schädel gefunden worden. Es handelt sich hier um ein Doppelgrab, dessen Inhalt in den Jahren 1902 und 1903 von Verneau[1] und A. Gaudry[2] entdeckt und beschrieben worden ist. Übereinander lagen hier zwei verschiedene Gräber. Zu oberst, in einer Tiefe von 7 m, stieß man zuerst auf das Skelett eines großen Mannes. Durch eine Schicht von nur 0,70 m getrennt, fand man dann ein etwas älteres Grab, in dem eine alte Frau und ein junger Mann ruhten; von diesen wird unter dem Titel der „Zwitterschädel“ die Rede sein (S. 11).

Hier handelt es sich um den Insassen des oberen Grabes, dessen Schädel sich an den von Cro-Magnon anschließt, also durchaus der höheren, noch heute in Europa lebenden Rasse angehört, sich auch als orthognath erweist, wie diese das ja der Regel nach ist.

Aus obigen Angaben geht hervor, daß abermals durch Erfunde eine Reihe von Beweisen dafür geliefert ist, daß in diluvialer Zeit bereits eine Schädelbildung in Europa nicht nur existiert hat, sondern auch verbreitet gewesen zu sein scheint, wie sie der heutige Kulturmensch besitzt. Möglicherweise sogar könnten

[1] Verneau, Les fouilles du Prince de Monaco aux Baoussé-Roussé. Un nouveau type humain. L'Anthropologie, Bd. XIII, Paris 1902, S. 561—585, 5 Textfig.

[2] A. Gaudry, Contribution à l'histoire des hommes fossiles. L'Anthropologie, Bd. XIV, Paris 1903, S. 1—14.

derartige Schädel des höheren Typus in Europa ebenso alt oder gar noch älter sein, als die des niederen Typus; falls nämlich, wie das doch scheint, die folgende Altersbestimmung richtig ist:

5. Der Schädel von Galley-Hill ist einer der geologisch ältesten diluvialen Menschenreste, falls A. Rutot[1] recht hat, der ihn in das Mafflien, also in die Zeit der Eolithe, verlegt.[2] Dieser Schädel besitzt eine ansteigende Stirn, die nichts mit der fliehenden des inferioren Typus gemein hat. Der Unterkiefer hat ein deutlich ausgesprochenes Kinn, weicht also weit ab von der tierischen Kinnlosigkeit der inferioren Schädel. Die Augenbrauenbögen sind sehr viel geringer entwickelt als beim Neandertal-Typus, so wie man sie auch heute noch bei Europäern findet, so daß auf dieses geringfügig entwickelte Merkmal meiner Ansicht nach Rutot mit Unrecht irgendwelches Gewicht legt. Höchstens darin kann man ihm beistimmen, daß in der Größe der Zähne, speziell von M^3, etwas Inferiores liegt. Im übrigen aber ist der Schädel — Rutot vergleicht ihn mit dem von Brünn — entschieden viel mehr dem höheren, als dem inferioren Typus zuzurechnen.

Rutot hatte ihm ein altquartäres Alter zugesprochen, weil die Schicht, in der er gefunden ist, in das Mafflien, Altquartär, gehört. Neuerdings neigt er anscheinend dazu, ihm nur ein Strépyinalter zu geben — wie mir scheint, deutet er jetzt die Dinge anders nur deswegen, weil der Schädel zu hoch entwickelt sei, um so alt sein zu können.

Das darf indessen kein Grund sein, den einmal geführten Beweis des Mafflienalters umzustoßen; das hieße der Theorie zuliebe sich eine etwas gefärbte Brille aufsetzen. Warum soll nicht ein hoch entwickelter Schädel schon altquartären Alters sein können?

[1] A. Rutot, à propos du squelette humain de Galley-Hill (Kent). Mémoires Soc. d'Anthropologie de Bruxelles, Bd. XXIII, 1904, S. 1—30. A. Rutot, L'âge probable du squelette de Galley-Hill. Bulletin Société belge de Géologie, Bruxelles, T. 23, 1909, Mémoire, S. 225—292, speziell S. 239—246. Klaatsch, Bericht über einen anthropologischen Streifzug nach London und auf das Plateau von Südengland. Zeitschrift für Ethnologie, 1903, Bd. XXXV, S. 575.

[2] In einer Arbeit, die noch im letzten Augenblick in meine Hände gelangt, gibt Klaatsch (Klaatsch u. Hauser, Homo Aurignaciensis Hauseri, ein paläolithischer Skelettfund aus dem unteren Aurignacien der Station Capelle bei Montferrand-Périgord. Prähistorische Zeitschrift, 1910, Bd. I, Südende-Berlin, S. 273—338) eine Abbildung des Schädels von Galley-Hill und stellt denselben mit dem des oben besprochenen Homo Aurignaciensis Hauseri in eine ungefähre Stufe. Beide sind durch extreme Langköpfigkeit ausgezeichnet und gehören, wie auch er hervorhebt, keineswegs zum Neandertal-Typus, wenn auch die Augenbrauenbögen etwas vorspringen.

Wir müssen doch die Dinge nehmen so, wie sie sich uns darbieten, wie sie wirklich sind, nicht wie sie unserer Theorie zu Gefallen sein sollten. Die Tertiärzeit bietet ja Raum genug, irgendwo mit dem inferioren Schädeltypus zu beginnen.

Wenn also Rutots erste Altersbestimmung des im Mafflien liegenden Schädels richtig war — und die später für Strépyin geltend gemachten Gründe vermögen jene Bestimmung nicht umzustoßen — so hätten wir sogar bereits im altquartären Mafflien, zur Zeit der eolithischen(!) Industrie, in England einen Vertreter einer Rasse, die sich an die heute lebende europäische anschließt. Danach also wäre dann in Europa nicht, wie man doch meinen sollte, der inferiore Schädeltypus bei weitem der ältere. Sondern der höhere träte bereits früher,[1] in altdiluvialer Zeit, auf den Schauplatz.

Der höhere Schädeltypus wäre dann auch älter als die typischen inferioren Schädel von Spy und La Chapelle-aux-Saints (S. 22) des Neandertaler Typus; denn diese sind nur mitteldiluvial.[2]

Auch ein anderer Schädel von recht hohem Alter, der von Grenelle, südlich von Paris, gehört entschieden nicht dem Neandertaler Typus, sondern, ähnlich wie der von Galley-Hill aus dem Themsetal, dem höheren Typus an. A. Rutot verweist ihn in das Alter der Schichten mit Elephas antiquus, in das Strépyien[3]; ganz wie er neuerdings ja auch den Schädel von Galley-Hill[4] nur in das Strépyien stellen will. Aber noch mehr: im ganzen hat man bei Grenelle und Clichy, nördlich von Paris, nicht weniger als zwölf Schädel und Schädelfragmente gefunden, die dem Strépyien angehören.[5]

Jeder Paläontologe weiß, daß irgendein neuer Fund dieses

[1] Auch Gorjanović-Kramberger hebt hervor, daß seit altdiluvialer Zeit in Europa schon diese beiden verschiedenen Menschen-„Arten" wie er sagt, „Rassen" wie ich sage, nebeneinander gelebt haben.

[2] Daß man über den Neandertaler selbst in dieser Beziehung nichts sagen kann, obgleich er immer noch von vielen als sicher diluvial hingestellt wird, ist schon im Vorwort betont worden.

[3] A. Rutot, Revision stratigraphique des ossements humains quaternaires de l'Europe. Bulletin Soc. Belge de Géologie, Bruxelles 1909, Bd. XXIV, Mémoires, S. 123—187.

[4] Derselbe, Coup d'œil synthétique sur l'époque des cavernes. Ebenda, 1909, Bd. XXIV.

[5] Dont douze viennent s'aligner devant la case Chelléen.

Altersverhältnis wieder umkehren kann. Aber die Aufgabe, die ich mir hier gestellt habe, kann nur dahin gehen, den jetzigen Stand unseres Wissens festzustellen, nicht über den zukünftigen zu spekulieren.

II. Schädel des Zwittertypus.

6. In der Grotte des Enfants bei Mentone, die bereits auf S. 8 angeführt wurde, von jenem oben erwähnten Skelette nur durch eine, und zwar völlig intakte Schicht von 0,70 m Mächtigkeit getrennt, fanden sich zwei Skelette von anderem, negroidem Schädeltypus: Dolichocephal; dazu platyrhin, sehr stark prognath, das Kinn wenig merklich ausgebildet; Grimaldi-Rasse hat sie Verneau benannt.

Die Eigenschaften dieser Schädel liegen im Widerstreit miteinander insofern, als der Oberschädel dem höheren Typus angehört, der Gesichts- und Unterschädel aber dem niederen Typus. Es sind nämlich Stirn und Hirnschädel durchaus von europäischer Gestaltung, keine fliehende Stirn, kein niedriges Schädeldach; und es scheint mir wichtig zu betonen, daß es hier gerade die höherwertigen, d. h. wichtigeren (S. 5) Merkmale sind, die für den höheren Typus sprechen. Demgegenüber ist das Gesicht platyrhin, sehr stark prognath und das Kinn nur wenig merklich ausgebildet; aber es ist wichtig, daß das nur die minderwertigen Merkmale sind, die auf niederen Schädeltypus hinweisen. Die Kiefer sind so stark verlängert, daß die Zahnreihe, anstatt des schönen bogenförmigen Verlaufes, den sie bei uns hat, durch ihre Verlängerung an gewisse australische Kiefer sich anschließt und in der weiteren Ausgestaltung dieses Baues an Menschenaffen erinnern würde (Fig. 4). Auch zeigt sich bei Unterkiefermolaren, besonders an M^2 und M^3 eine so starke Ausbildung des fünften hinteren Höckers, daß eine große Ähnlichkeit mit den Zähnen des tertiären Dryopithecus entsteht.[1]

Wenig wesentlich ist es dagegen, daß die Figuren nicht groß sind; denn es handelt sich um die Skelette einer alten Frau und eines jungen Mannes, so daß das nicht notwendig auch auf eine kleine Rasse den Schluß gestattet.

Solche Schädel des „Zwittertypus" sind nun deswegen von so großer Wichtigkeit, weil sie eindring-

[1] W. Branca, Die menschenähnlichen Zähne aus dem Bohnerz der schwäbischen Alb. Vergl. Taf. II, Fig. 1, 2, 3 mit den fossilen Molaren von Baoussé-Roussé, welche Gaudry S. 9, Fig. 10 und S. 4, Fig. 2 abbildet, sowie mit denen, welche er von Australiern in Fig. 11 und Fig. 4 darstellt.

lich lehren, daß, wenn man hier nur Zähne und Unterkiefer gefunden hätte, man diesen Menschen dem Neandertaler Typus zugerechnet haben würde; und wenn man nur Stirn und oberen Schädelteil gefunden hätte, man diesen selben Menschen nur dem höheren Typus zugewiesen haben würde. Gewiß ein schönes Beispiel, welches die Forscher ermahnt, unvollständigen fossilen Menschenschädeln gegenüber sehr vorsichtig zu sein. Der Schädel von Combe Capelle (S. 8) liefert ein zweites Beispiel; sein Unterkiefer ist kinnlos, inferior; sein Schädel dagegen europäisch.

III. Schädel des niederen Neandertaler Typus.

Der soeben besprochene Fund von Mentone nimmt, wie wir sahen, unter den neueren Erfunden eine Zwitterstellung ein zwischen den typischen höheren Schädeln von heutigem Europäerbau und den typischen niederen vom Neandertaler Bau.

Wenn ich mich nun zu diesen letzteren wende, so möchte ich die Schädel von Krapina und den aus der Nähe von Le Moustier zuerst besprechen, weil diese beiden mir nicht in demselben Grade typisch niedrig erscheinen wollen wie der Neandertaler, sondern eher an die Gruppe II sich anschließend.

7. Die Krapinaschädel. Dieser größte aller bekannten Funde diluvialer Menschenreste versetzt uns in den diametral entgegengesetzten Südosten Europas, nach Kroatien, wo bekanntlich Gorjanovič-Kramberger ihn gemacht und trefflich untersucht und beschrieben hat. Es handelt sich hier um die Reste von mindestens zehn fossilen Menschen, die sicher einer älteren Abteilung der diluvialen Epoche angehören, da Rhinoceros Mercki in dieser Höhle gefunden wurde (vgl. S. 1—3 das über diese Altersfrage Gesagte).

Diese weit geöffnete Höhle, besser Felsnische, bei Krapina in Kroatien hat aber leider trotz der großen Zahl der Reste keinen ganzen oder nur halbwegs ganz erhaltenen Schädel uns überliefert.

Nach Gorjanovič-Krambergers[1] Darstellung schließt sich der

[1] Gorjanovič-Kramberger, Der paläolithische Mensch und seine Zeitgenossen aus dem Diluvium von Krapina in Kroatien. Mitteilungen d. anthropolog. Gesellsch. in Wien, 4 Teile, Bd. XXXI, XXXII, XXXIV, XXXV.

Derselbe, Der Diluvialmensch von Krapina in Kroatien. Wiesbaden bei Kreidel, 1906, VIII u. 278 S., 4°, 50 Textfig. u. 14 Taf.

Derselbe, Die Kronen und Wurzeln der Mahlzähne des Homo primogenius und ihre genetische Bedeutung. Anatomischer Anzeiger, Jena 1907, Bd. XXXI, S. 97—134, 18 Textfig.

Schädel an den von Spy II an. Es ist ein breiter Langschädel, der nach diesem Autor bei einem Teile der Leute ein flaches, bei einem anderen Teile ein bauchiges Dach besaß. Die Stirn ist bei einem Teile fliehend, bei einem anderen Teile ist das weniger der Fall.

Mir scheint nach den vorhandenen Resten dieser Schädelteile, aus deren Abbildungen man sich ja ein Bild von dem, was gefunden wurde, machen kann, daß es ganz unentschieden ist, ob alle diese zehn Schädel wirklich eine so fliehende Stirn und ein so niedriges Schädeldach gehabt haben, wie das dem Neandertal-Typus entspricht. Gorjanovič-Kramberger spricht sich auch in anerkennenswertester Vorsicht dahin aus, daß Schädeldach bzw. Stirn (s. oben) keineswegs gleichmäßig flach bzw. fliehend waren, und daß zwei verschiedene Typen oder Rassen dort vorhanden seien. Wenn ich richtig verstehe, so läßt sich die fliehende Stirn überhaupt nur an einem einzigen Schädelteile ganz deutlich und sicher erkennen.[1]

Die Augenbrauenbögen sind stark vorspringend, ganz wie bei dem Neandertaler Typus. Die Kiefer sind in verschiedenem Grade prognath. Auffallenderweise behauptet de Terra umgekehrt, auf Grund von Besichtigung der Krapinaobjekte, daß eine Prognathie, die doch für den primitiven Schädel so kennzeichnend ist, hier ebenfalls fehle, so daß die tertiären Vorfahren des Krapinamenschen bereits orthognath gewesen sein müßten[2], und daß der Krapinamensch auch keine Volumzunahme der Molaren von vorn nach hinten aufweise, was doch für inferiore Menschenrassen kennzeichnend sein soll und als Annäherung an die Menschenaffen gedeutet wird.

Der Unterkiefer der Krapinaschädel ist inferior, d. h. kräftig und ein eigentliches Kinn fehlt; doch während das bei den typisch inferioren Schädeln des Neandertal-Typus ganz ausgesprochen der Fall ist, so ist hier eine erste Anlage des Kinnes schon vorhanden. Auch das ist ein weiterer Grund, warum ich die Krapinaschädel,

Gorjanovič-Kramberger, Die Variationen am Skelette der altdiluvialen Menschen. Vortrag a. d. Wanderversammlung der Wiener anthropolog. Gesellsch. in Agram, 22. Mai 1907, 15 S., 4 Textfig.

Derselbe, Der vordere Unterkieferabschnitt des altdiluvialen Menschen. Glasnik Hrv. Prirodoslov. Društva, Bd. IX, 7 S., 1909, Zagreb 1909.

[1] Man vergleiche auch die Rekonstruktion eines Schädels, die Kramberger in seinem Hauptwerke, S. 254, gibt.

[2] Mitteilungen zum Krapinafund. Schweizerische Vierteljahrschrift f. Zahnheilkunde, Bd. XIII, 1903, Zürich 1903, Heft 1, S. 18.

wenn sie auch schon in Gruppe III stehen, so doch an jene Schädel der Gruppe II zunächst anschließe.

Die Zähne sind groß, was wieder mehr nach dem Inferioren hindeutet, und weisen zudem zahlreiche Schmelzfalten der Kaufläche auf, wie wir das bei den Menschenaffen finden (vgl. auch S. 18, wo ich weiteres über diese Zähne anführe).

8. In der Nähe von Le Moustier im Vezère-Tale im südwestlichen Frankreich ist sodann im Diluvium seit dem Jahre 1901 noch ein weiterer Fund gemacht worden: Ein ganzes Skelett, das wiederum Hauser und Klaatsch (S. 8) nicht weit von dem obenerwähnten ausgegraben haben. Es gehört einem etwa 16jährigen Knaben an, der von den Seinen sorgsam begraben worden ist; eine Waffe ist ihm in die Hand gelegt, Proviant für die Reise in das Jenseits mitgegeben (also Unsterblichkeitsglauben), der Kopf auf ein Kissen von Steinmosaik gebettet. Da die Epiphysen der Röhrenknochen noch nicht mit der Diaphyse verschmolzen sind, auch M^3 noch nicht überall durchgebrochen ist, so muß das individuelle Alter ein geringes gewesen sein; Klaatsch schätzt es auf 16 Jahre. Das geologische Alter bestimmt er nach dem Faustkeil und Schaber, die in dem Grabe lagen, als das des Acheuléen; was also ein etwas höheres Alter ergeben würde, als man nach dem Namen, Homo Mousteriensis Hauseri Klaatsch[1], vielleicht irrtümlicherweise annehmen könnte.

Flache, fliehende Stirn, dicke Augenbrauenbögen, überaus große Augenhöhlen kennzeichnen nach Klaatsch den hinten weit herausgebauchten, für einen Sechzehnjährigen sehr großen Schädel. Der Unterkiefer kinnlos, ohne Spina mentalis; starke Zähne, jedoch ohne Affenmerkmale. Sehr weit vorspringende Schnauzenbildung.

Eine ausführliche Messung, Beschreibung und Untersuchung wird von Klaatsch vorbereitet. Trotzdem wird es gestattet sein, daß ich an dieser Stelle über diesen Schädel einige Bemerkungen machen darf, da ich einen Gipsabguß desselben von Krantz in Bonn erworben habe, ferner zwei Photographien des natürlichen Schädels, ohne Plastilin, von vorn und im Profil, der Güte des Herrn Kollegen Kossinna verdanke, und da endlich der Schädel selbst jetzt im Berliner ethnographischen Museum mit den dazu gehörenden Skelettresten in einem großen Glaskasten ausgestellt war, so daß man klar die folgenden Verhältnisse erkennen konnte (Fig. 1 u. 2).

[1] H. Klaatsch und O. Hauser, Homo Mousteriensis Hauseri. Archiv f. Anthropologie, neue Folge, Bd. VII, Heft 4, Braunschweig 1909, S. 287—297, mit 10 Abbildungen und einer Lichtdrucktafel.

Der mürbe Schädel ist in viele Stücke zerbrochen gewesen, die durch grünes Plastilin wieder aneinandergekittet worden sind. Da nun aber Teile der Schädelstücke ganz fehlen, so sind diese durch Plastilin ergänzt. So war unter anderem auch der Oberkiefer mit Gaumen und Gebiß vom Schädel nicht nur abgebrochen, sondern auch seine Verbindung mit dem Schädel zerstört, so daß dieser verbindende Teil ebenfalls durch Plastilin ergänzt werden mußte.

Es liegt auf der Hand, daß es bei einem solchen Fehlen von Knochenmasse schwer ist, beim Anfügen des Oberkiefers an den

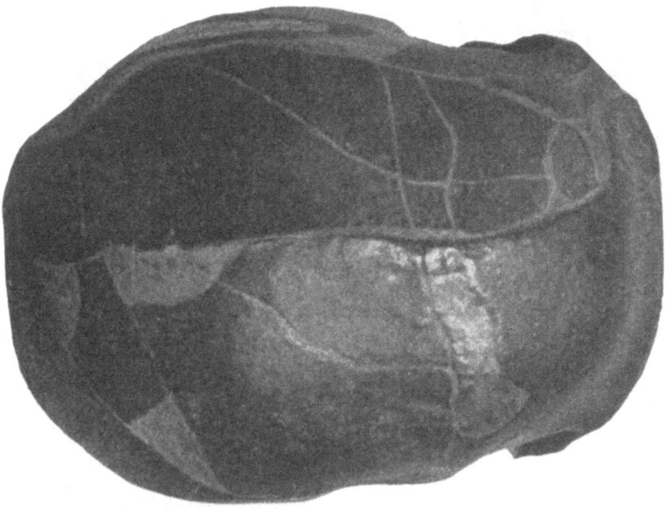

Fig. 1. Homo Mousteriensis Hauseri Klaatsch.
Photographie nach dem von Dr. F. Krantz in Bonn gekauften Gipsabguß.

Schädel denselben in die genau richtige Entfernung vom Schädel zu bringen, die ihm im unverletzten Zustande zukam. Man wird in solchem Falle den Oberkiefer leicht entweder zu nahe am Schädel befestigen; und dann muß der Schädel weniger prognath werden, als er von Natur war. Oder man wird ihn zu weit vom Schädel entfernt, zu weit nach vorwärts geschoben, befestigen; und dann wird der Schädel prognather werden, als er im Leben war.

Ich finde, daß, wie der Gipsabguß (Fig. 2) zeigt, auf solche Weise der Schädel viel prognather geworden ist, als seiner Natur zukam: Wenn man nämlich den Unterkiefer mit dem Proc. condyloideus in die Pfanne des Schläfenbeins einfügt, wie ich das bei der nachstehend gegebenen Photographie des

Gipsabgusses getan habe, dann ist der Unterkiefer viel kürzer als der Oberkiefer, seine Schneidezähne bleiben also weit hinter denen des Oberkiefers zurück. Der Oberkiefer ist dabei aber zugleich auch zuweit nach abwärts gerückt.

Bei der im Glaskasten aufgestellten zweiten Zusammensetzung des Schädels trat das gleiche immer noch deutlich hervor. Dort war Aufbiß hergestellt, so daß obere und untere Schneidezähne aufeinander trafen. Zu dem Zwecke mußte aber der Unterkiefer so

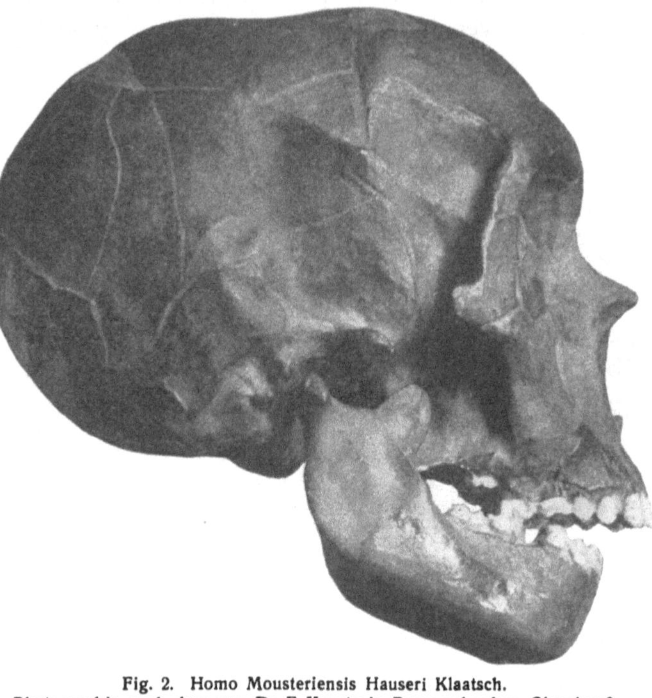

Fig. 2. Homo Mousteriensis Hauseri Klaatsch.
Photographie nach dem von Dr. F. Krantz in Bonn gekauften Gipsabguß.

weit nach vorwärts gerückt werden, daß nun sein Processus condyloideus ziemlich weit vor seiner Gelenkpfanne lag. Daraus scheint mir mit Sicherheit hervorzugehen, daß auch bei dieser zweiten Zusammensetzung der Schädelstücke[1] der Schädel prognather geworden war, als er ursprünglich gewesen ist.

[1] Der Schädel ist dreimal mittels Plastilin zusammengesetzt worden. Von der ersten Zusammensetzung ist der Gipsabguß (Fig. 1 u. 2) genommen worden, welcher bei Dr. Fr. Krantz in Bonn käuflich ist. Die zweite ist hier in Berlin gemacht worden, nachdem der Schädel wieder auseinander genommen worden war, wohl um das kostbare Stück ungefährdeter transportieren zu können. Jetzt wird er zum dritten Male zusammengesetzt.

Fig. 3. Neandertal-Schädel. Kopie nach G. Schwalbe: „Der Neandertal-Schädel", Taf. I, Fig. 1.

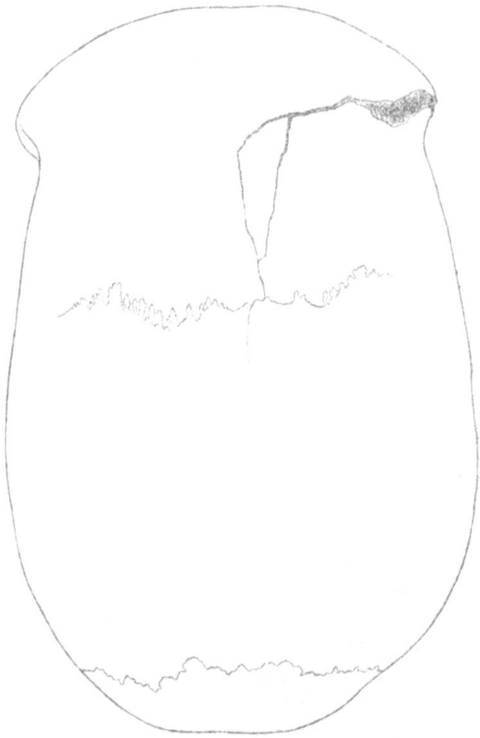

Fig. 4. Neandertal-Schädel von oben; starker Langkopf. Kopie nach G. Schwalbe: „Der Neandertal-Schädel", S. 4, Fig. 1.

Übrigens erinnere ich an das auf S. 6 Hervorgehobene, daß die Stärke der Prognathie ein sehr viel weniger wichtiges Kennzeichen der Inferiorität eines Schädels ist, als die Stärke des Fliehens der Stirn und der Niedrigkeit des Hirnschädels. Gespannt wird man bei diesem Homo Mousteriensis auf die Berechnung des Gehirnvolumens sein dürfen, da die bedeutende Länge des Schädels bei dem erst ca. Sechzehnjährigen auf einen großen Schädelinhalt schließen läßt — so weit man das ohne Messungen beurteilen kann.

Auch über den Grad des Fliehens der Stirn und der Niedrigkeit der Kalotte können uns erst genaue Messungen Auskunft geben. Bei Abbildungen erscheint natürlich eine Stirn um so fliehender, je stärker nach hinten zurückgebeugt der Schädel abgebildet wird; und um so steiler, je stärker er umgekehrt nach vorn vorgebeugt wird. Aus diesem Grunde bietet natürlich die richtige Orientierung solcher Schädel, von denen nur der obere Teil erhalten ist, wie bei dem Neandertaler, gewisse Schwierigkeiten. Ich habe oben in Fig. 3 u. 4 den Neandertaler nach Schwalbe in der von diesem eingeführten Orientierung neben den des Homo Mousteriensis Fig. 2 u. 1 gestellt.

9. Der Unterkiefer von Maur. Dem Mittel- bzw. Altdiluvium[1] mit Elephas antiquus und Rhinoceros antiquus gehört ferner der vor einigen Jahren von Schoetensack[2] beschriebene inferiore Unterkiefer an. Er entstammt der bekannten Sand- und Kiesablagerung, welche als „Sand von Maur“ bei Neckargemünd bekannt ist und Ablagerungen des Neckar ihr Dasein verdankt, die später vom Löß bedeckt wurden.[3]

Der Unterkiefer fällt zunächst auf durch seine Massigkeit und das mangelnde Kinn, so daß er im Profil vorn in tierischer Rundung von oben nach unten verläuft. Von vorn gesehen, zeigt er sich ebenfalls gerundet, wie der Verlauf der Incisiven erkennen läßt. Der Unterrand weicht auffallend stark von einer horizontalen Linie ab, indem er stark ausgeschweift ist.

Dieser Unterkiefer des Homo Heidelbergensis steht von allen zum Vergleiche heranziehbaren dem von Spy II am nächsten. Es zeigt sich jedoch ein Mißverhältnis zwischen den Zähnen und dem Kiefer. Die Zähne weisen sehr große Pulpahöhlen und eine relativ dünne Dentinwand auf, so daß ein Bild entsteht, wie es uns der heutige Mensch speziell im Kindesalter darbietet. Durch ihre nur mäßige Größe zeigen sie an, daß an sie keineswegs nennenswert große Anforderungen gestellt worden sind.

[1] E. Werth, Das geologische Alter und die stammesgeschichtliche Bedeutung des Homo Heidelbergensis. Globus (Vieweg, Braunschweig), 1909, Bd. XCVI, S. 229—232. Schoetensack sagt, daß die den Unterkiefer von Homo Heidelbergensis begleitende Säugetierfauna z. T. dem ältesten Diluvium angehöre, z. T. auf das Pliocän hinweise, so daß er der älteste der bisher gefundenen fossilen Menschenreste sei; Schoetensack scheint ihn also dem Unter-Diluvium zuzurechnen, wenngleich er das nicht ausspricht. O. Werth verweist diese Ablagerung aber nur etwa in das Mittlere Diluvium, genauer in das vorletzte Interglacial, also als gleichaltrig mit der Paludinabank des Berliner Diluviums bzw. mit der Zeit des Chelléen.

[2] Schoetensack, Der Unterkiefer des Homo Heidelbergensis. Leipzig bei Engelmann, 1908.

[3] A. Sauer, Exkursion in die Maurer Sande. 42. Versammlung des oberrhein. geolog. Vereins zu Heidelberg 14. April 1909, S. 25—32.

Umgekehrt dazu verhält sich der Kiefer, welcher gewaltig an Dicke und Massivität ist. Aber die Zähne beweisen uns, daß er diese Massivität nicht im Dienste der Zähne erlangt haben kann, die dann ebenfalls so massig sein müßten.

Schoetensack folgert daraus, daß hier unmöglich ein Anthropomorphenstadium vorausgegangen sein könnte, daß dieser Kiefer vielmehr dem Urzustande, der Urform nahestehe, welche sowohl dem Menschen als auch den Anthropomorphen vorausgegangen ist. Dagegen hob Koken[1] hervor, daß die Folgerungen, die Schoetensack zieht, doch wohl ein wenig weitgehend seien, in Anbetracht einerseits der Größe und Wichtigkeit derselben und anderseits der Beschränktheit des ihr zu-

Fig. 5. Homo Heidelbergensis Schoetensack. Kopie nach dem Gipsabgusse.

grunde liegenden Restes. Ich stimme Koken darin völlig bei, daß das ein Mißverhältnis ist, welches, allein für sich betrachtet, zu größter Vorsicht mahnt. Aber ich möchte vorgreifend betonen, daß außer diesem noch eine ganze Reihe anderer solcher kleinen Beweise gegen die Abstammung des Menschen von den Anthropomorphen vorliegt (S. 50), so daß durch Summierung derselben eine Verstärkung eines jeden einzelnen sich ergibt.

Von Interesse ist, daß auch dieses Kennzeichen des diluvialen inferioren Menschen, die Massivität des Unterkiefers, sich heute noch bei lebenden Menschen findet, ganz ebenso wie das bezüglich der fliehenden Stirn und der vorspringenden Augen-

[1] Neues Jahrbuch f. Mineral., Geol., Pal., 1908, Bd. II, S. 418.

brauenbögen der Fall ist. Oetteking[1] hat kürzlich und Gorjanovič-Kramberger hat soeben an Eskimo-Unterkiefern dasselbe Merkmal festgestellt. In gleicher Weise zeigen diese Eskimos auch durch die geringe Entwicklung des Kinnes eine Annäherung an den ganz kinnlosen typischen diluvialen Unterkiefer des inferioren Typus.

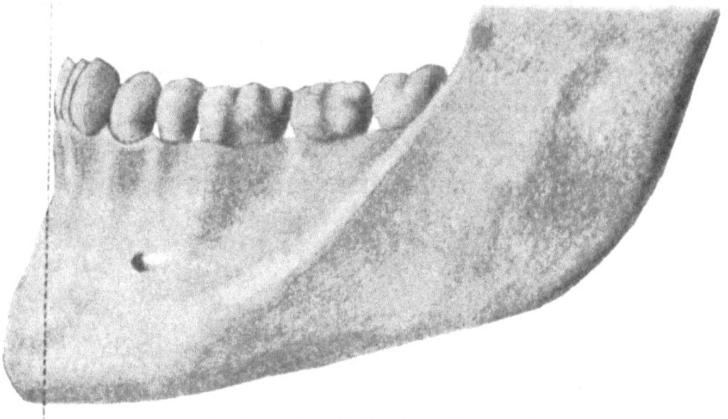

Fig. 6a. Unterkiefer eines Franzosen.

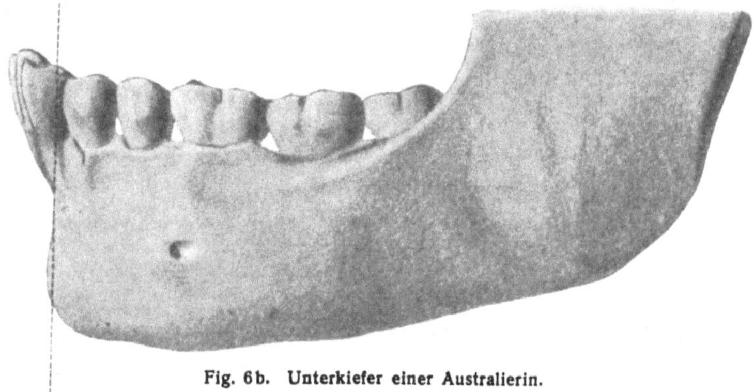

Fig. 6b. Unterkiefer einer Australierin.

Fig. 6a u. 6b. Kopien nach A. Gaudry, „Contribution à l'histoire des Hommes fossiles". L'Anthropologie Taf. 15, Fig. 13, 14.

Fig. 6 gibt eine Darstellung dieser das Kinn betreffenden Verhältnisse in abnehmender Stärke des Kinnes vom modernen Europäer bis hinab zum Schimpanse. Vgl. darüber S. 46.

[1] Oetteking, Ein Beitrag zur Kraniologie der Eskimos. Abhandlungen und Berichte des königl. zoolog. u. anthropolog.-ethnograph. Museums zu Dresden, 1908, Bd. XII. Ich zitiere nach Gorjanovič.

Gorjanovič-Kramberger, Der Unterkiefer der Eskimos als Träger primitiver Merkmale. Sitzungsberichte der königl. preuß. Akademie der Wissensch. 1909, S. 1282—1293, Taf. XV und XVI.

Es liegt mir fern, den Wert dieses Unterkiefers von Maur für die Erkenntnis des inferioren Schädeltypus herabsetzen zu wollen. Aber wenn man bedenkt, daß 1. bei heutigen Eskimos, wie soeben gesagt, ähnlich, wenn auch nicht gleich niedrig organisierte Unterkiefer vorkommen, ohne daß Stirn und Schädelkalotte die Merkmale einer so niederen

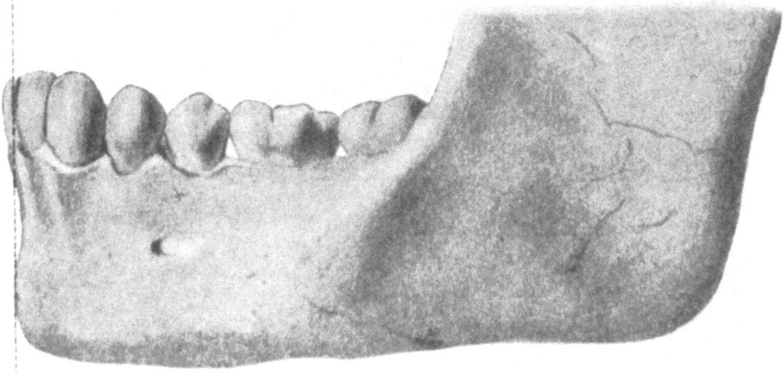

Fig. 6c. Unterkiefer des fossilen jungen Mannes aus der Grotte des Enfants. Kopie nach A. Gaudry, „Contribution à l'histoire des Hommes fossiles." L'Antropologie Taf. 15, Fig. 15.

Fig. 6d. Unterkiefer eines Schimpanse. Nach der Natur.

Organisation zeigen; und daß 2. von den beiden unteren diluvialen Skeletten aus der Grotte des Enfants (S. 11) ganz Ähnliches gilt — dann folgt doch daraus, daß man isolierten Unterkiefern gegenüber zu sehr großer Vorsicht gezwungen ist, wenn man aus ihnen auf die Inferiorität des **ganzen** Schädels schließen wollte. Das aber um so mehr, als gerade Stirn und Schädelkalotte die sehr viel wichtigeren (S. 5) Merk-

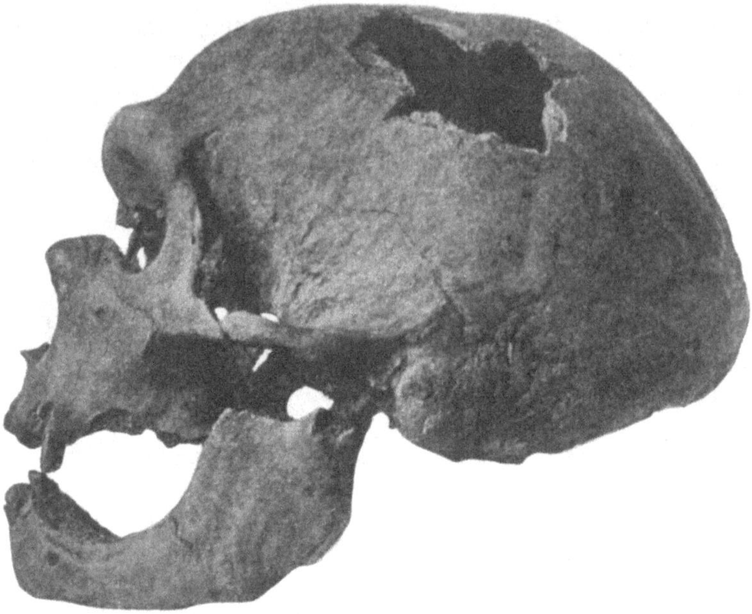

Fig. 7. Schädel von La Chapelle-aux-Saints. Kopie nach Marc. Boule.

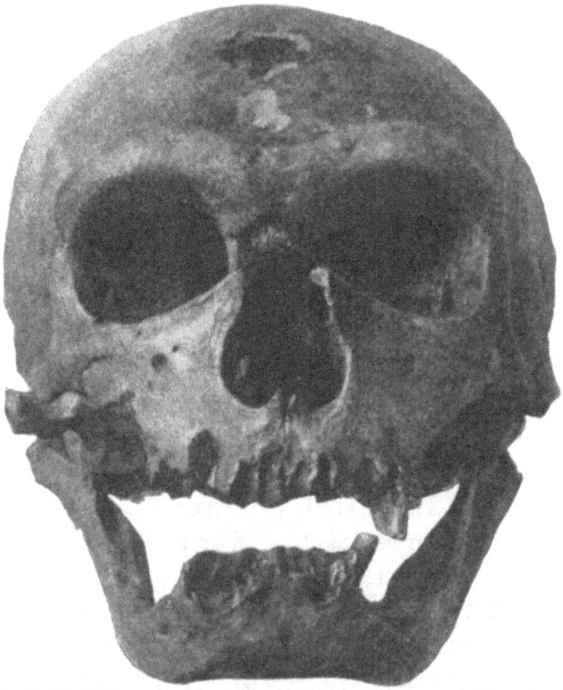

Fig. 8. Schädel von La Chapelle-aux-Saints. Kopie nach Marc. Boule: L'homme fossile de la Chapelle-aux-Saints (Corrèze). L'Anthropologie, XIX.

male niederer Organisation darbieten als die anderen Schädelteile, und so auch Unterkiefer, das tun.

10. Bei La Chapelle-aux-Saints, Corrèze, ist ein dem Moustiérien angehörender Schädel ebenfalls erst ganz kürzlich, im Jahre 1908, gefunden worden, begleitet von einigen Wirbeln und Extremitätenknochen. Nach einer sehr mühsamen Rekonstruktion der Bruchstücke ergab sich ein Neandertaler Schädeltypus, der über-

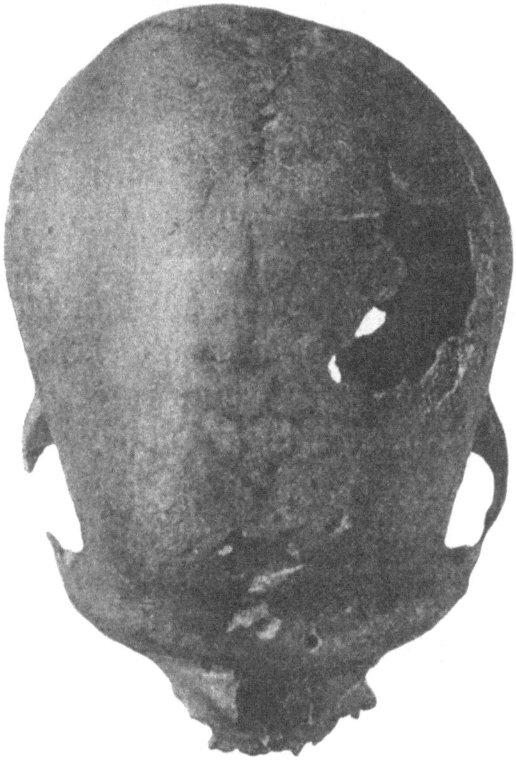

Fig. 9. Schädel von Chapelle-aux-Saints, Kopie nach Marc. Boule, Fig. 8.

aus tierischen Eindruck hervorruft, so daß man sagen muß, daß er noch unter den Neandertaler ins Tierische hinabgeht. Marcellin Boule hat denselben beschrieben und abgebildet.[1]

Die Knochen dieses Schädels sind sehr dick, die Abplattung des Schädeldaches stärker als bei den Schädeln vom Neandertal und von Spy. Die Stirn zeigt sich als stark fliehend, die Augenbrauenbögen sehr entwickelt, ebenso wie bei dem Neandertaler, aber in der Mitte

[1] Marcellin Boule, L'homme fossile de la Chapelle-aux-Saints, Corrèze. L'Anthropologie, Bd. XIX, 1908, S. 519—525, 3 Textfig.

zusammenfließend. Die Hinterhauptsregion des hinten stark verlängerten Schädels senkt sich ähnlich schräg abwärts wie vorn die fliehende Stirn. Das Foramen magnum ist stark von vorn nach hinten verlängert und weiter nach unten gerückt als bei den inferiorsten lebenden Rassen. Die Kiefer sind stark prognath, die Nasenwurzel durch eine tiefe Einsenkung von der Stirn getrennt.

Der Unterkiefer ist bemerkbar durch seine Massigkeit; er schließt sich darin an die von La Naulette, Spy, Heidelberg, Malarnaud, Krapina usw. an. Figg. 7, 8, 9 geben eine Vorstellung von diesem Schädel.

Aus den vorstehenden Darlegungen ergibt sich, daß seit 1901, also seit noch nicht einem Jahrzehnt, die Zahl der fossilen sicher diluvialen Menschenreste in Europa ganz nennenswert gewachsen ist. Wenn diese Funde sich in gleichem Maße weiter vermehren, so werden wir in wenigen Jahrzehnten weiteren Forschens über eine ganz stattliche Zahl sicher diluvialer menschlicher Schädel und Skelette verfügen können.

Es ergibt sich weiter, daß seit 1901 nicht nur inferiore, sondern ebenso auch hochstehende Schädel im Diluvium gefunden worden sind.

IV. Angeblich tertiäre, angeblich inferiore Schädel und Knochen aus Südamerika.

Im vorstehenden habe ich mich auf aus Europa stammende neuere Erfunde von Menschenschädeln beschränkt. Ich möchte nun im folgenden auch noch einiger aus Südamerika stammender Schädel, sowie eines Femur und eines Atlas gedenken. Einmal weil sie aus tertiären Schichten stammen sollen.[1] Sodann weil von diesen Schädeln zwei eine ganz absonderliche, als ungeheuerlich zu bezeichnende inferiore Gestaltung besitzen sollen. Ferner weil der

[1] Ameghino gibt bekanntlich eine Chronologie der Pampasschichten, die in Europa bestritten wird. Nach ihm soll nur das lacustre Post-Pampeano dem Quartär angehören, dagegen dem Pliocän das Obere (lacustre), Mittlere und Untere Pampeano. Die Schichten des Monte Hermoso aber sollen nicht einmal dem Unter-Pliocän, sondern erst dem Miocän zuzurechnen sein. Nach Ameghino also ergäbe sich die unten folgende Chronologie. (Lehmann-Nitsche, Nouvelles recherches sur la Forma-

Oberschenkelknochen auf einen menschlichen Vorfahr von winzigster Größe deuten würde, wenn wirklich seine Bestimmung richtig wäre. Endlich weil der Atlas der erste sichere tertiäre Menschenrest ist, wenn seine geologische Altersbestimmung richtig ist.

tion Pampéenne et l'homme fossile de la République Argentine. Revista del Museo de La Plata, t. 14 (2 sér. t. 1), Buenos-Aires 1907, S. 143—488; speziell S. 195, 197.)

Alluvium	Neolithisch.	
Diluvium	Mesolithisch, Paläolithisch.	
Pliocän	Oberes (lacustres) Pampeano, Mittleres Pampeano, Unteres Pampeano,	Eolithisch.
Miocän	Puelche (Pehuelche), Hermoseano, Araucaniano.	

Ich habe dagegen schon im Jahre 1883 (W. Branca, Über eine fossile Säugetier-Fauna von Punin bei Riobamba in Ecuador. Paläontologische Abhandlungen von Dames u. Kayser, Berlin bei G. Reimer 1883, Bd. I, Heft 2, S. 1—166, Taf. I bis XIX) geltend gemacht (l. c. Abschnitt „Über die Beziehungen tertiärer und quartärer Säugetier-Faunen Amerikas zu denen Europas, S. 147—160), „daß die Untere Pampas-Fauna (ebenso wie die von Tarija und sehr wahrscheinlich auch die von Punin) gleichwertig mit derjenigen der nordamerikanischen Megalonyx-beds sind; daß alle diese amerikanischen Faunen ein *gleichwertiges* Entwicklungsstadium der Säugetierwelt mit der oberpliocänen Europas darstellen; daß eine *Gleichaltrigkeit* aber fraglich ist, weil *gewichtige* Gründe *eher für ein unter-pleistocänes als für ein jung-pliocänes Alter der amerikanischen Fauna sprechen; daß mithin auch der Mensch dort nur als Mitglied einer Fauna gelten kann, welche unserer quartären vermutlich gleichaltrig ist*".

Das ist dann später durch den Nachweis (vgl. Steinmann, Über Diluvium in Südamerika. Zeitschr. d. deutschen geolog. Gesellsch. 1906, S. 225, 229) zur völligen Sicherheit geworden, daß die ganze riesige Kette der Kordilleren in quartärer Zeit vereist war, daß wie in Europa eine Mehrheit von Eiszeiten festgestellt werden konnte, und daß ebenso auch der Löß, in Gestalt der Ablagerungen der Pampasformation, in weiter Verbreitung vorhanden ist.

Allerdings die untere Pampasformation sieht Steinmann jetzt als „wohl pliocän" an. Aber in diesem „wohl" scheint mir doch vielleicht ausgesprochen, daß er das nicht für so völlig sicher erklären will wie Lehmann-Nitsche das hinstellt.

Das Obere Pampeano stellt Steinmann als gleichaltrig unserem jüngeren Löß und bekräftigt, daß man in ihm allein Menschenspuren gefunden habe. Das Mittlere und Untere Pampeano erklärt er für gleichzeitig mit unserem älteren Löß.

Lehmann-Nitsche verwirft die Chronologie Ameghinos ebenfalls. Er erklärt: Das lacustre Pampeano kann nicht als besondere Abteilung abgetrennt werden. Er zieht daher die von Santiago Roth gegebene Einteilung vor, welche von oben nach unten, das Pampeano gliedert in gelben und rehbraunen Löß und in Unteres Pampeano,

Ich wende mich zunächst zu den Schädeln, die von Fl. Ameghino[1] beschrieben und seinem Pliocän zugerechnet wurden.

1. Der eine dieser Schädel stammt von Fontezuelas (Pontimelo) und ward von Kobelt als besondere Menschenart, Homo pliocaenicus, bezeichnet. Er bietet aber durchaus keine solchen auffallenden Merkmale dar, wie das bei den beiden anderen zu besprechenden der Fall ist. Er ist nach Lehmann-Nitsche nur hinten etwas, und zwar künstlich, deformiert. Der Gedanke, daß hier eine neue Menschenart vorliegt, ist also abzulehnen.

2. Von den beiden anderen Schädeln stammt der eine nebst Skelett aus Ameghinos Unter-Pliocän von La Tigra. Während jener ersterwähnte eine nur wenig fliehende Stirn besitzt, hat dieser von La Tigra eine so hochgradig fliehende Stirn, wie man sie nach Ameghino bei keinem anderen Menschenschädel, abgesehen von künstlich deformierten, bisher beobachtet hat. Er übertrifft darin weit den Neandertaler; doch fehlen ihm, ebenso wie jenem Homo pliocaenicus, die vorspringenden Augenbrauenbögen. Ameghino bezeichnete daher diesen Schädel als eine besondere Menschenart, als Homo pampaeus.

Lehmann-Nitsche zerstört indessen jetzt[2] den Traum, daß hier ein ganz inferiorer Schädel vorliege, indem er dartut, daß sowohl die fliehende Stirn, als auch die Abplattung am Hinterkopf zweifellos durch künstliche Deformation hervorgerufen sind; wie das ja bei Eingeborenen alte Sitte ist, indem sie den Kopf des Kindes festbinden, damit dieser beim Tragen des Kindes nicht hin und her schlagen kann.

Derselbe Forscher bezeichnet aber auch die zweite Vorstellung Ameghinos als irrtümlich, daß im Pampeano mehrere, von Homo sapiens abweichende Menschenarten aufträten. Alles im Pampeano Vorkommende „gehört vielmehr zum typischen Homo sapiens".

Er bestreitet endlich aber auch die dritte Behauptung Ameghinos von dem tertiären Alter dieses Skeletts von La Tigra; denn es ist,

welches den Schichten des Monte Hermoso gleichaltrig ist, als den pfefferkuchenbraunen Löß. Es ergibt sich somit nach ihm:

Oberes Pampeano gelber Löß
Mittleres Pampeano rehbrauner Löß } mit fossilen Menschenresten.

Unteres Pampeano pfefferkuchenbrauner Löß (= Monte Hermoso) ohne fossile Menschenreste.

[1] Ameghino, Les formations sédimentaires etc. Anales del Museo Nacional de Buenos Aires, 1906, Bd. XV, S. 416—450.

[2] a. a. O. S. 203, 334—374.

wie Santiago nachwies, im Oberen Pampeano, also im Jungdiluvium gefunden.[1]

3. In der „Deutschen Tageszeitung", 1. Februar 1910, finde ich die Notiz, daß der „Italie" zufolge Professor Sergi, der Anthropologe der römischen Universität, eine Veröffentlichung über ein weiteres

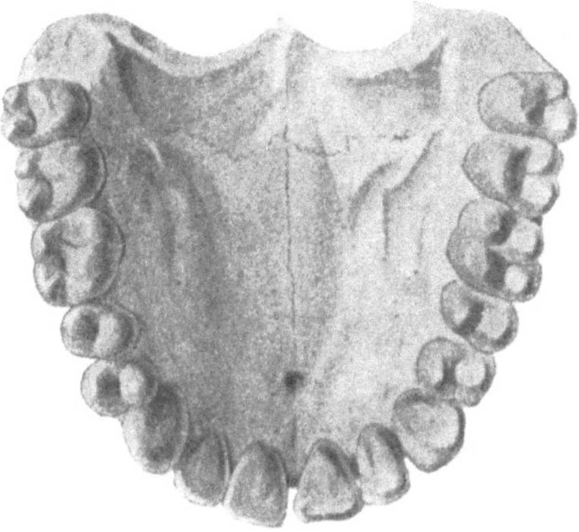

Fig. 10a.

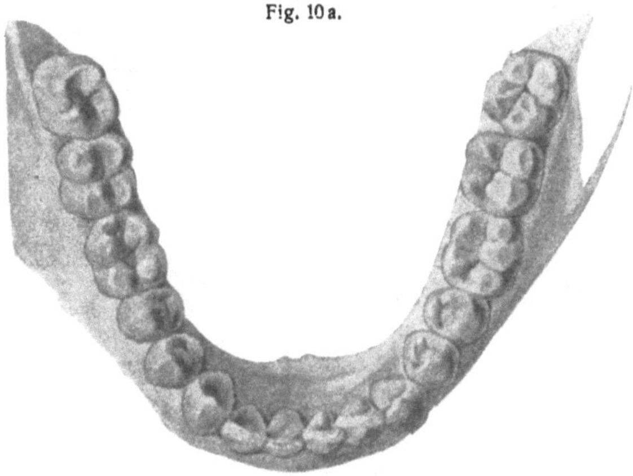

Fig. 10b.

Fig. 10. Franzose. Kopie nach A. Gaudry, Contribution à l'histoire des Hommes fossiles. L'Anthropologie, Paris 1903, Taf. XIV, pag. 6, Fig. 5 u. 6.

von Ameghino bei Necochra gefundenes Skelett vorbereite. Dieser Schädel „weise ganz dieselben eigentümlichen Merkmale auf,

[1] Während also im Osten Südamerikas diluviale Menschenreste längst bekannt sind, finden sich im äquatorialen Hochlande der Anden, wie Hans Meyer zeigte, die ältesten menschlichen Reste erst im Alluvium und mit allen Zeichen einer bereits fortgeschritteneren Kultur. Hans Meyer, Leipzig, Die Vorzeit des Menschen im äquatorialen Andengebiet. Verhandlungen des vierzehnten internationalen Amerikanistenkongresses, Stuttgart 1904, S. 47—56.

welche einem früher von Ameghino gefundenen zukommen, er liege auch in denselben Schichten". Die Schilderung lautet: „Übernormale Länge, parallele, d. h. flache Seiten, fast keine Stirn, so daß er schräg von vorn nach hinten in die

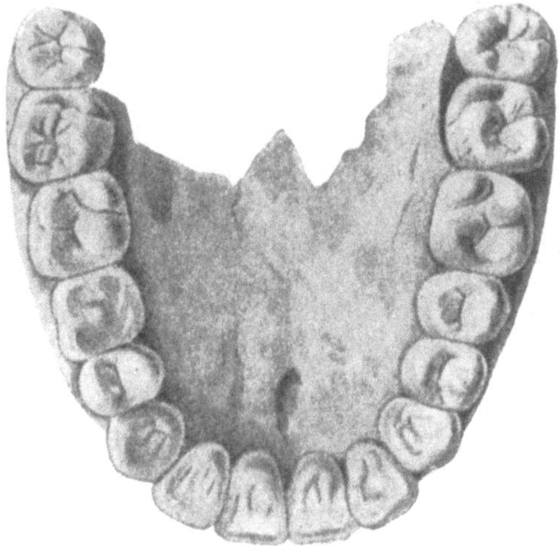

Fig. 11 a.

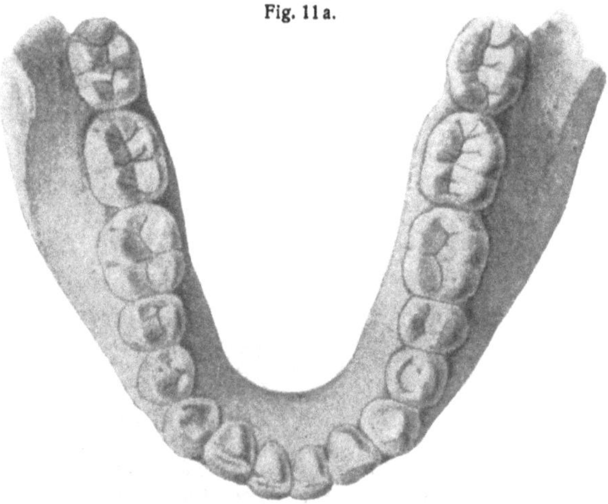

Fig. 11 b.

Fig. 11. Fossiler junger Mann aus der Grotte des Enfants.
Kopie nach Gaudry, Contribution à l'histoire des Hommes fossiles. L'Anthropologie, Paris 1903, Taf. XIV, pag. 4, Fig. 1 u. 2.

Höhe läuft und, von der Seite betrachtet, oben einen dreieckigen Umriß besitzt." Diese Beschreibung der fehlenden Stirn erinnert indessen derartig an künstlich deformierte Schädel, daß man ohne weiteres annehmen möchte, daß auch hier wieder nichts anderes als ein ebensolcher vorliegt.

Damit würde denn zugleich auch die Zeitungsangabe, daß dieses Skelett nach Sergi das älteste bisher gefundene und mehr als eine Million Jahre alt sei, vermutlich auf das richtige Maß zurückzuführen sein dahin, daß es im Gegenteil, wie

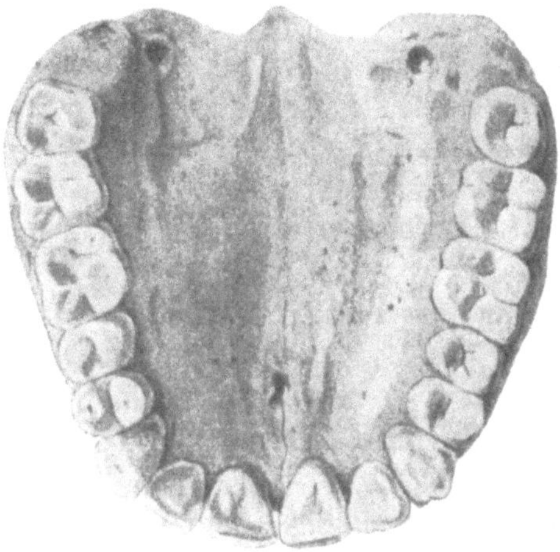

Fig. 12a.

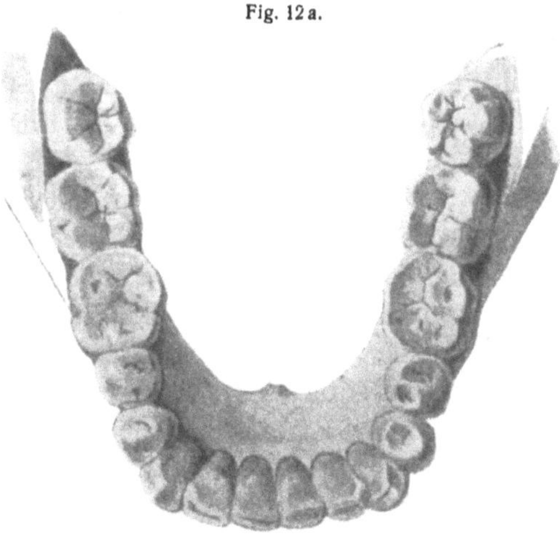

Fig. 12b.

Fig. 12a. Australier von Port Essington. Fig. 12b. Australier von Camp in Heaven. Kopie nach Gaudry, Contribution à l'histoire des Hommes fossiles. L'Anthropologie, Paris 1903, Taf. XIV, pag. 5, Fig. 3 u. 4.

das von La Tigra, dem Oberen Pampeano, also der jüngsten dieser Quartärbildungen angehören dürfte.

Daß der Schädel außerdem durch „starke Kiefern, sehr große — mehr hohe als breite — Augenhöhlen und eine große Nasenpartie“ ausgezeichnet ist, wären keine Merkmale, die das obige Urteil verändern könnten. Völlig Sicheres aber läßt sich natürlich auf eine Zeitungsnotiz hin nicht sagen. Ich habe mich vergeblich bisher bemüht, die betreffende Arbeit Ameghinos zu erhalten, mußte daher, um diesen angeblich so merkwürdigen Schädel nicht zu umgehen, auf die Zeitung zurückgreifen, kann aber natürlich nicht sagen, ob das Obige wirklich Sergis Ansicht ist. Auch in dem oben verschiedentlich zitierten neuen und sehr dankenswerten Werke von Lehmann-Nitsche ist diese Arbeit von Ameghino noch nicht erwähnt.

4. In angeblich unterpliocänen Schichten — in Wirklichkeit in diluvialen — hat Fl. Ameghino dann noch das Bruchstück eines Menschenschädels gefunden, das er, wegen der angeblich ganz inferioren Gestalt, sogar von der Gattung Homo abtrennt und als einen Vorläufer desselben, als neue Gattung Diprothomo hinstellt. Herr Kollege von Luschan, der sich mit dem Studium dieser Arbeit[1] beschäftigt hat, in welcher Ameghino die wundersamsten Rekonstruktionen dieses Schädels gibt, war so freundlich, mir sein Urteil mit den folgenden Worten zukommen zu lassen:

„Die Calotte des ‚Diprothomo' besteht aus dem Stirnbein und etwa $^1/_4$ der Scheitelbeine. Nach den Abbildungen habe ich den Eindruck, daß die scheinbar fliehende Stirn ganz allein nur durch die unrichtige und ganz willkürliche Orientierung des Bruchstücks zustande kommt. Wenn man versucht, es so zu orientieren, wie es allem Anschein nach orientiert werden soll, scheint es durchaus in die Variationsbreite des normalen modernen Menschen zu fallen. Aber ich kann irren, da die Abbildungen nicht genügen, um eine ganz einwandfreie Orientierung zu ermöglichen. Ich habe um einen Abguß geschrieben und möchte dann auf die Frage zurückkommen."

Ich kann mich diesem Urteil nur anschließen. Wenn man ein Schädelbruchstück, das wesentlich nur aus dem Stirnbein besteht, so aufstellt, wie Ameghino das in der Abbildung tut, daß nämlich die Stirnlinie im Profil fast horizontal verläuft, dann wird selbstverständlich fälschlich der Eindruck hervorgerufen, als ob die Stirn auch am Schädel bei natürlicher Stellung desselben ganz fliehend wäre. Wir werden daher von dieser vermeintlichen neuen Gattung Diprothomo wohl ganz absehen können.

5. Außer diesem angeblich pliocänen Vorläufer des Menschen Diprothomo hat Fl. Ameghino aber noch eine zweite Gattung aufgestellt, die er als Tetraprothomo argentinus bezeichnet. Er sieht in dieser einen noch älteren, miocänen Vorläufer des Men-

[1] Florentino Ameghino, Diprothomo platensis. Buenos Aires 1909. Anales del Museo Nacional de Buenos Aires, Tomo XIX, p. 107—209.

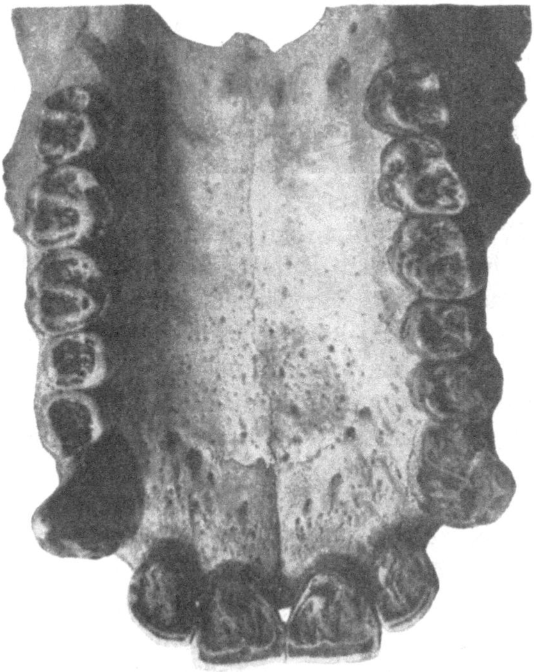

Fig. 13 a.

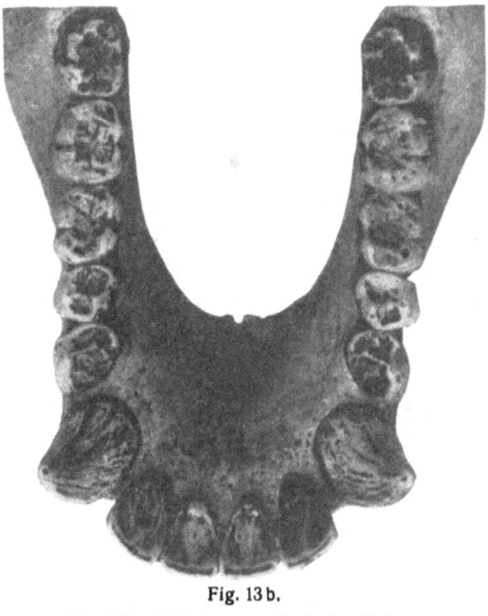

Fig. 13 b.

Fig. 13. Schimpanse. Nach der Natur.

schen als jenen Diprothomo. Hier handelt es sich indessen nicht um einen Schädel, sondern nur um einen ersten Halswirbel und einen Oberschenkelknochen. Auch hatten sich in gleichaltrigen Schichten, nach Ansicht Ameghinos, zweifellose Spuren der Tätigkeit eines menschlichen Wesens in Gestalt zahlreicher Schlacken gefunden. Ich will mich zunächst mit diesen letzteren beschäftigen.

Die Schlacken liegen in den Schichten des Monte Hermoso, welche gleichaltrig sind dem Unteren Pampeano (S. 24). Ameghino stellt sie in das Miocän. Das sind sie nun nicht. Immerhin aber sollen sie nach Steinmann doch pliocänen Alters sein. Bereits 1878 hatte Ameghino hier eine große Anzahl von Schlacken gefunden, die er als menschliche Erzeugnisse ansah, und aus denen er das Dasein des Menschen in jener tertiären Zeit erschloß. Schon früher war ihnen freilich durch Heußer und Claraz ein vulkanischer Ursprung zugeschrieben worden.[1] Und G. Steinmann schloß sich 1906 auch dieser Ansicht an, welche die Vulkane der Anden als ihre Heimat ansah, aus der sie durch Wasser nach Osten hin verfrachtet worden seien.[2] Lehmann-Nitsche indessen vertrat eine abermals andere Deutung, indem er geltend machte, daß diese Schlacken, wenn sie wirklich vulkanisch wären, bei der riesigen Entfernung der Vulkane nur durch das Wasser bis hierher transportiert sein könnten. Dann aber müßten sie die Spuren dieses Transportes in Form von Abrollung tragen. Das sei durchaus nicht der Fall. Folglich seien es doch durch Feuer erzeugte Schlacken. Aber nicht, wie Ameghino gemeint, durch vom Menschen angemachte Feuer hervorgerufene Schlacken, sondern durch Blitzschläge erzeugt, die das trockene Pampasgras entzündet und dabei den Pampaslehm zu Schlacken geschmolzen hätten. Felix Ontes und Bücking[3] kommen nun aber nach chemischer und mikroskopischer Untersuchung zu dem Ergebnisse, daß die Schlacken doch vulkanischer, und zwar andesitischer Natur sind und nicht dem Menschen ihre Entstehung verdanken können.

So ist denn der indirekte Beweis für das Dasein des Menschen in diesen tertiären Schichten mißglückt, und Lehmann-Nitsche wie Steinmann betonen zudem ausdrücklich, daß die

[1] Neue Denkschriften der Allgemeinen Schweizerischen Gesellschaft. Zürich 1865, Bd. XXI, S. 27.

[2] Zeitschrift d. deutsch. geolog. Gesellsch., 1906.

[3] Revista del Museo de La Plata, T. XV, S. 138—197 u. T. XVI, S. 34. Buenos Aires 1908 u. 1909.

ältesten Spuren des Menschen nicht weiter zurückreichen, als bis zu den jüngsten Lagen des älteren Löß der Pampas (s. S. 25 Anm.), vielleicht gar nur bis in den jüngeren Löß, welcher gleich der letzten Interglazialzeit sein soll. „Alle älteren Funde," sagt Steinmann, „sind mindestens zweifelhaft."

Im grellsten Gegensatz zu diesen Aussagen, also auch zu den von Lehmann-Nitsche noch kürzlich geäußerten (s. oben S. 26), steht nun aber die Nachricht,[1] daß in den Monte Hermoso-Schichten, die gleich den untersten Schichten der Pampasformation erachtet werden, das jetzt zu besprechende Femur und ein Atlas gefunden worden seien. Gegenüber dem Femur besteht dieser Widerspruch allerdings insofern nicht, als dieses offenbar nicht vom Menschen, bzw. von einem Vorfahr der Gattung Homo, wie das Ameghino meint, stammt; wohl aber besteht er gegenüber dem Atlas, der menschlich ist. Es mag mir daher, zumal bei der großen Wichtigkeit der Frage, ob hier wirklich, zudem aus Südamerika, ein pliocäner Menschenatlas vorliegt, gestattet sein, die Frage zu stellen, ob denn dieser Atlas zweifellos pliocänen Alters ist, und die Gründe für diese Frage geltend zu machen.

Der Atlas ist nämlich bereits vor mehreren Jahrzehnten gefunden und dann von Santiago Roth besprochen worden, ohne daß er aber sonderliches Interesse erzeugt hätte. Das Femur dagegen ist erst jetzt von Carlos Ameghino bei seiner letzten Reise nach dem Monte Hermoso dort entdeckt worden. Man könnte nun meinen, daß — da sie ja nach Florentino Ameghino zusammengehören sollten — der Fundort des Femur auch für die Richtigkeit des Fundortes des Atlas ohne weiteres beweisend sei, daß also auch der Atlas ganz zweifellos vom Monte Hermoso stammen müsse. Dieser Schluß ist indessen, meiner Ansicht nach, darum unzulässig, weil beide eben nicht zusammengehören, nicht einmal zur selben Gattung.

Es läßt sich doch nicht bestreiten, daß ein kleines Stück, wie ein Atlas es ist, das seit langen Jahren in einer großen Sammlung liegt, leicht einer Verwechslung des Fundortes unterworfen werden kann. Ich erinnere nur an den bekannten inferioren Schädel von Cannstatt, der auch durchaus in dem Diluviallehm neben und mit den Mammutknochen gefunden sein sollte; bis sich zufällig heraus-

[1] Fl. Ameghino, Notas preliminares sobre el Tetraprothomo Argentinus, un Precursor del Hombre del Mioceno Superior de Monte Hermoso. Anales del Museo Nacional de Buenos Aires, Bd. XVI (Ser. 3a Bd. 9), S. 107—242, Buenos Aires 1907.

stellte, daß dem gar nicht so gewesen sei. In gleicher Weise könnte, so scheint mir, der so viel kleinere Atlas den Gedanken nahe legen, ob das Stück nicht etwa doch aus einer anderen, jüngeren Schicht stammt. Dazu gesellen sich weiter verschiedene Gründe: Das Auftreten des Menschen im Obertertiär gerade von Südamerika ist wenig wahrscheinlich; nach Lehmann-Nitsche (s. oben S. 26) haben sich bisher nur im Jungdiluvium der Pampasformation Menschenknochen gefunden; es haben in Südamerika auch — so viel man bis jetzt weiß — niemals Menschenaffen gelebt (falls nicht etwa Homunculus ein solcher ist?), mit denen doch der Mensch in nächste Beziehung gebracht zu werden pflegt; endlich läßt sich aus der Farbe des Atlas heute nicht mehr erkennen, daß er wirklich aus den Monte Hermoso-Schichten stammt, denn sie ist durch ein Konservierungsmittel in ein tiefes Dunkelbraun verwandelt worden.

Es liegt mir natürlich fern, das alles anzusehen als beweisend gegen die Herkunft des Atlas aus dem Monte Hermoso, sondern nur als einen Grund dafür, daß in Buenos Aires die Frage noch einmal geprüft und beantwortet wird, ob eine Verwechslung des Fundortes des Atlas absolut ausgeschlossen ist. Ich wende mich nun zu den Knochen selbst.

Das Femur des angeblichen Vorläufers des Menschen wird von Ameghino in natürlicher Größe abgebildet. Man sieht, daß der Gelenkkopf bis hinab an den Beginn seines Halses, überhaupt das ganze proximale Ende des Knochens abgebrochen und in der Zeichnung ergänzt ist. Der Atlas ist völlig erhalten bis auf die Diapophysen, welche mehr oder weniger abgebrochen und in der Zeichnung ergänzt sind.

Gegen die Deutung, welche Ameghino[1] diesen Resten vom Monte Hermoso gibt, hat sich nun zunächst Abel dahin erklärt,[2] daß diese Reste „nicht geeignet sind, um so weittragende Schlüsse aus ihnen abzuleiten", „daß der Oberschenkel in auffallender Weise an einige der von G. Grandidier[3] abgebildeten Femora von großen Lemuroidea aus Madagaskar erinnert, und daß Tetraprothomo argentinus wahrscheinlich dieser Unterordnung der Primaten einzureihen ist."

[1] Lehmann-Nitsches Arbeit lag Abel damals noch nicht vor.

[2] Verhandlungen der zoologisch-botan. Gesellschaft. Wien 1908, Bd. LVIII, S. 38.

[3] Recherches sur les Lémuriens disparus et en particulier, qui vivaient à Madagascar. Nouvelles Archives du Mus. Histoire naturelle, Paris. Bd. VII, S. 1—144, Taf. I—XII, 27 Textfiguren.

Über den Atlas äußert sich Abel nicht. Ich glaube nun im folgenden zeigen zu können, daß das Femur auf ein kleines Tier von der Größe eines Fuchses hinweist, der Atlas dagegen einem viel größeren Wesen angehören dürfte, so daß beide also gar nicht zusammen gehören können.

Ameghino hat diesen Zwiespalt in der Größe von Femur und Atlas wohl bemerkt.[1] Aber er sagt, daß auch andere, nicht-baumlebende Tiere, die ein Femur von ungefähr denselben Dimensionen wie Tetraprothomo besitzen, einen relativ ebenso großen oder selbst noch größeren Atlas wie Tetraprothomo haben.[2] Leider sagt er nicht, an welchen Tieren er das beobachtet hat. Sodann fügt er hinzu, daß, da der Schaft des Femur verhältnismäßig dicker ist als der des Menschen, auch der Atlas verhältnismäßig größer sein müsse.

Um die Frage der Zusammengehörigkeit von Femur und Atlas diskutieren zu können, gebe ich zunächst eine ganze Anzahl von Messungen, welche ich Herrn Assistent Dr. Reck verdanke; und zwar an Skeletten, die Herr Kollege Matschie im zoologischen Museum freundlichst zur Verfügung stellte. Da das Femur, wie Abel will, einem Lemuren angehört, so gebe ich zuerst die Messungen an baumlebenden Tieren, an Affen. Da aber Ameghino das Femur einem nicht-baumlebenden Vorläufer des Menschen zuschreibt, so gebe ich darauf die Messungen auch an nicht-baumlebenden Formen.

Aus diesen Messungen habe ich das Verhältnis berechnet, in welchem die Länge des Femur zur Breite des Atlas inkl. Diapophysen steht (a). Da aber die Diapophysen des Atlas der verschiedenen Formen relativ recht verschiedene Größe besitzen, und vor allem bei Tetraprothomo die Diapophysen abgebrochen sind, so ist noch eine zweite Messung (b) der Breite des Atlas gegeben, welche ganz von den Diapophysen absieht und nur die Dimension von der Außenseite der rechten oberen Gelenkfläche zur Außenseite seiner linken Gelenkfläche gibt. Diese letztere Zahl kann daher allein zum Vergleiche dienen. Für Tetraprothomo habe ich die nötigen Zahlen, so gut das anging, durch Messung an den gegebenen Abbildungen erhalten, die in natürlicher Größe gemacht sind.

[1] a. a. O. S. 174.

[2] Pero de las comparaciones que he hecho con otros mamíferos no arborícolas que presenten un fémur más ó menos de las mismas dimensiones que el del Tetraprothomo, resulta que aquéllos tienen el atlas tan grande, ó aun mas grande que éste. Hay también que recordar que el fémur del Tetraprothomo indica un cuerpo proporcionalmente más grueso que el del hombre, de manera que proporcionalmente también debia tener un atlas más grande.

Name	Femur mm	Atlas Breite a mm	Atlas Breite b mm	Atlas Höhe mm	Breite des Atlas zur Länge des Femur = 1: a	b
Inuus cynomolgus	152,0	34,0	23,0	18,0	4,5	**6,6**
Midas	35,4	10,5	—	—	3,4	—
Midas	62,8	14,5	10,9	8,3	4,3	**5,8**
Ateles	189,6	31,8	23,9	16,5	6,0	**7,9**
Nyctiphitecus	91,2	15,2	10,0	5,6	6,0	**9,1**
Mycetes	40,6	11,2	—	10,0	3,6	—
Mycetes belzebub	117,1	22,6	19,9	9,0	5,2	**5,9**
Cebus sp.	81,8	15,5	—	8,8	5,3	—
Cebus fatuellus	43,5	17,4	—	11,9	2,5	—
Cebus fatuellus juv.	53,9	18,0	—	11,4	3,0	—
Cebus fatuellus	104,9	23,4	21,5	14,9	4,5	**5,0**
Cebus fatuellus	127,2	27,1	22,3	16,1	4,7	**5,7**
Cebus apella	135,5	28,7	—	12,0	4,7	—
Hapale penicillata	55,5	14,2	10,2	7,4	3,9	**5,4**
Hapale Jachus	57,4	16,6	11,3	8,4	3,5	**5,0**
Hapale ♀	59,5	16,0	10,3	8,3	3,7	**5,8**
Hapale ♂	66,7	15,0	11,5	9,2	4,4	**6,0**
Chrysotrix	57,0	13,3	—	8,9	4,3	—
Jachus	64,8	16,2	12,5	9,2	4,0	**5,2**
Microcebus myoxinus	33,3	9,1	7,8	6,7	3,6	—
Microcebus myoxinus	87,2	16,8	13,3	10,2	5,2	**6,6**
Microcebus myoxinus	113,6	23,8	14,9	12,0	4,9	**7,9**
Gorilla	274,0	68,0	51,0	40,8	4,0	**5,4**
Schimpanse	289,0	65,7	46,8	38,2	4,4	**6,2**
Schimpanse	311,8	59,1	42,8	32,8	5,3	**7,2**
Orang	201,0	55,4	43,2	34,2	3,6	**4,6**
Orang	291,2	60,8	45,8	41,0	4,8	**6,3**
Hylobates	187,5	32,0	25,8	20,4	5,9	**7,3**
Hylobates	197,8	35,5	23,3	19,2	5,6	**8,5**
Tetraprothomo	**185,0**		**42,0**	**36,0**		**4,4**
Homo mittler. Größe	**460,0**	**78,0**	**61,0**	**47,0**	**5,9**	**7,5**

Die Messungen wurden mittels Nonius mit möglichster Genauigkeit abgelesen; trotzdem stellen sie in vielen Fällen nur approximative Werte dar, da die Art der Präparation der Skelette vielfach ein völlig genaues Ansetzen der Instrumente unmöglich machte.

Aus obigen Zahlen folgt zunächst, daß das Femur eines Menschen mittlerer Größe ca. 2,5mal so lang ist, wie das Femur von Tetraprothomo (46 und 18,5).

Wogegen der Atlas von Homo nur etwa um ein Drittel größer (breiter) ist, als der von Tetraprothomo (6,1 und 4,2).

Nun läßt sich aus der Abbildung erkennen, daß von Tetraprothomo nicht etwa der Atlas eines alten Tieres und das Femur eines ganz jungen vorliegen, wodurch sich die geringe Größe des Femur erklären ließe. An letzterem ist vielmehr die distale Epiphyse fest mit der Diaphyse verwachsen (das proximale Ende ist abgebrochen), das Femur gehört also wie der Atlas ebenfalls einem ausgewachsenen Tiere an.

Daß nun dieser angebliche Vorfahr des Menschen, Tetraprothomo, nach dem Femur zu schließen, 2,5mal kleiner als ein heutiger Mensch mittlerer Größe gewesen wäre, das allerdings dürfte uns noch nicht irre machen. Kollmann vertritt ja bekanntlich seit langem die Ansicht, daß die Vorfahren des Menschen kleine Wesen gewesen seien; und er hat für sich die unbestreitbare Tatsache, daß bei einer ganzen Anzahl fossiler Formen die ältesten uns bekannten sehr viel kleiner als die späteren gewesen sind. Es wäre also auf Grund dieser paläontologischen Tatsache Kollmanns Ansicht durchaus nicht so unwahrscheinlich für unsere tertiären Vorfahren; zumal gegenüber einem Wesen, welches durch seine wachsende Intelligenz in immer höherem Maße in die Lage gelangte, sich immer reichere Nahrung zu verschaffen: ein Umstand, welcher, mindestens bei längerer Andauer, doch ganz wesentlich zur Erhöhung der Körpergröße beiträgt. Schwalbe bekämpft Kollmanns Ansicht.[1] Aber bei beiden handelt es sich um die Frage, ob der nächste Vorfahr des heutigen Menschen, also der diluviale, noch vorwiegend klein (Kollmann) oder schon groß (Schwalbe) gewesen sei. Ich spreche hier aber von tertiären Vorfahren.

Also die geringe Größe des Tetraprothomo würde mir als kein Hindernis erscheinen, ihn als einen Vorfahren des Menschen anzusehen. Aber das Größenverhältnis von Femur und Atlas! Beim Menschen ist die Dimension b des Atlas 7,5mal kleiner als das Femur; bei Tetraprothomo nur 4,4mal kleiner, d. h. der Atlas von Tetraprothomo hätte Riesengröße.

[1] Münchner medizinische Wochenschrift Nr. 28, 1905. Bericht des naturw.-medizin. Vereins zu Straßburg.

Soweit nun der Atlas auf die Schädelgröße, innerhalb einer begrenzten Gruppe von Tierformen natürlich, einen Schluß überhaupt zuläßt, dürften wir folgern:

Nach dem Atlas zu schließen müßte Tetraprothomo ein Wesen gewesen sein, das auf einem Körper von etwa der Größe eines Fuchses einen Schädel trug, der ungefähr zwei Drittel so groß wie der des Menschen war: eine Mißgeburt, wie sie abscheulicher für unseren Vorfahr kaum gedacht werden könnte — so lange man sich eben diesen Vorfahr als ein ungefähr dem Menschen ähnlich gestaltetes Wesen vorstellt. Daher möchte ich meinen, daß Femur und Atlas unmöglich zur selben Art und wohl auch kaum zur selben Gattung gehören können.

Nicht übrigens nur zwischen Mensch und Tetraprothomo besteht diese auffallende Diskordanz. Ganz Ähnliches finde ich, wenn ich die Menschenaffen und Ähnliches, wenn ich die anderen gemessenen Affen mit Tetraprothomo vergleiche. Eine so niedere Verhältniszahl für den Atlas wie bei Tetraprothomo (4,4), d. h. eine so relativ bedeutende Breite des Atlas, zeigt sich bei keiner dieser Formen; auch nicht bei den Menschenaffen, die doch relativ kurze Femora haben. Nur beim Orang finde ich (mit 4,6) fast gleiches.

Es kommen nun einige nicht-baumbewohnende Tierformen zum Vergleiche, auf die Ameghino ja besonderes Gewicht legt; den Menschen habe ich bereits in voriger Tabelle zum Vergleiche mit angeführt.

Name	Femur mm	Atlas Breite a mm	Atlas Breite b mm	Atlas Höhe mm	Länge des Atlas zur Länge des Femur = 1: a	b
Lupus	215,0	86,0	47,0	37,1	2,5	**4,6**
Capra	132,6	50,4	36,1	29,2	2,6	**3,7**
Ovis	182,4	60,6	45,0	55,4	3,0	**4,0**
Bos taurus	430,0	164,8	125,5	98,6	2,6	**3,4**
Canis vulpes	123,2	44,6	27,2	19,2	2,8	**4,5**

Auffallenderweise zeigt sich bei diesen nicht-baumbewohnenden Formen in der Tat ganz Ähnliches wie bei Tetraprothomo; die Breite der Dimension b des Atlas ist ebenfalls relativ eine sehr große, zum

Teil noch größere; 4,4 bei Tetraprothomo; 3,4 bis 4,6 bei diesen Tieren. Aber Größenverhältnisse zwischen Femur und Atlas, wie sie bei Wiederkäuern und Carnivoren herrschen, haben doch keinerlei Beweiskraft für einen Vorfahren des Menschen. Ich glaube daher bei obigem Urteil bleiben zu können, daß Femur und Atlas gar nicht zusammen gehören.

Gewiß wird man dieser ganzen Beweisführung den Einwurf machen dürfen, daß es doch etwas kühn sei, aus der Größe jener Dimension b am Atlas auf die ungefähre Größe des Schädels schließen zu wollen. Sicher wird man das zugeben müssen. Aber wir sind in der Paläontologie oft in der Lage, nur aus mangelhaften Resten irgendwelche Schlüsse ziehen zu müssen. Geschieht das dann unter der nötigen Verwahrung, wie ich das oben getan habe, so wird dem nichts im Wege stehen.

Wenn nun also Atlas und Femur vermutlich nicht zusammengehören, und das Femur, wie Abel meint, einem Lemuren angehört, so kann der Atlas wohl ein menschlicher sein. Ich wende mich jetzt zu diesem.

Dieser Atlas vom Monte Hermoso ist, wie schon gesagt, auch von Lehmann-Nitsche, gleichzeitig mit Fl. Ameghino, beschrieben worden. Daß der Atlas dem Menschen angehört, scheint mir sicher. Aus Lehmann-Nitsches Untersuchung[1] ergibt sich, daß er in einer Anzahl von Punkten abweicht von der Gestaltung, welche er bei der Eingeborenenbevölkerung besitzt — soweit Skelette derselben Lehmann-Nitsche zu Gebote standen.[2] Vom Orang und Gorilla trennt ihn eine noch größere Anzahl von Punkten. Mit dem Atlas der weißen amerikanischen Bevölkerung stimmt er dagegen am besten, aber auch nicht völlig überein, indem er namentlich, wie Lehmann-Nitsche aus der Gestaltung der Gelenkflächen folgern will, auf ein kleineres Gehirn hinweisen soll. Die Merkmale dieses Atlas sind nach ihm die folgenden:

Der hintere (d. h. dorsale) Bogen ist sehr dick. Die proximalen Gelenkflächen sind breit und kurz. Der Innenrand dieser proximalen Gelenkflächen liegt nur wenig außerhalb des Innenrandes der distalen. Die ventrale Wurzel der Diapophyse ist viel stärker als die dorsale. Die Größe des ganzen Atlas ist eine relativ so geringe, daß er,

[1] Lehmann-Nitsche, Nouvelles recherches sur la Formation Pampéenne et l'homme fossile de la République Argentine. Revista del Museo de La Plata, t. XIV (2. sér., t. I), S. 143—488, Buenos Aires 1907. a. a. O. S. 386—410.

[2] Aber das waren nur sechzehn Skelette.

nach Lehmann-Nitsche, nicht dem Homo primigenius und kaum dem Pithecanthropus angehören könnte; und da nun der Name H. antiquus dem noch zu findenden tertiären Menschen der Alten Welt vorbehalten bleiben müsse, so schlägt er für diesen des Monte Hermoso den Namen H. neogaeus vor.

Mir will scheinen, daß die zu geringe Größe nur eine überaus geringe Rolle bei einer solchen Überlegung spielen dürfte. Wir haben heute und hatten in prähistorischer Zeit auch kleine Menschen; teils nur einzelne kleine Individuen großer Rassen, teils ganze Völker von kleiner Figur. Es könnte daher am Monte Hermoso sehr wohl ein kleines Individuum vorliegen; so daß also meiner Ansicht nach die geringe Größe hier ganz auszuscheiden hätte, wenn man darauf die Aufstellung einer neuen Menschenart mit begründen will. Das aber gilt hier um so mehr, als betont wird, daß auch im Oberen Pampeano nicht nur eine, sondern sogar zwei Menschenrassen von sehr kleiner Gestalt auftreten[1]; warum also nicht auch im Unteren Pampeano, welchem die Monte Hermososchichten gleichaltrig sind?

Zur eigentlichen Begründung der neuen Menschenart, Homo neogaeus, blieben also eigentlich nur die anderen Merkmale des Atlas, seiner Gelenkflächen etc. Mir will auch das gewagt erscheinen, denn diese variieren. Indessen die Frage, ob das nun H. sapiens oder H. n. sp. ist, ist Nebensache. Hauptsache sind vielmehr die beiden Tatsachen, daß wir — vorausgesetzt, daß Monte Hermoso wirklich pliocän ist und daß der Atlas zweifellos aus diesen Schichten stammt — dann den ersten pliocänen Menschenrest vor uns haben würden, und daß dieser pliocäne Mensch gerade aus Südamerika stammen würde, wo man ihn am allerwenigsten erwarten sollte.

Von vornherein erscheint es nach den bisherigen herrschenden Anschauungen wenig wahrscheinlich, daß der Mensch in Amerika entstanden sein sollte. Der Mensch gehört in die Primaten; als seine nächsten Verwandten unter den heute lebenden Formen gelten die Catarrhinen, speziell die Menschenaffen. Von diesen aber haben sich weder lebende Vertreter noch fossile Reste bisher[2] in Amerika, sondern nur in der Alten Welt gefunden. Wie sollte folglich der Mensch, falls er ihr nächster Verwandter wirklich ist, in Amerika entstanden sein können?

[1] Lehmann-Nitsche (nach Ameghino) a. a. O. S. 200.

[2] Falls man nicht etwa Homunculus als einen Anthropomorphen ansehen will.

Florentino Ameghino freilich nimmt letzteres an und sucht den Menschen, entgegen der üblichen Auffassung, mit den neuweltlichen Affen in genetische Beziehung zu bringen, so daß er also von Formen, die den Cebiden nahestehen, abstammen soll. Durch Namen wie Homunculus, Homocentrus, Anthropops, die er dortigen fossilen derartigen Platyrhinen gegeben hat, sucht er dieser Ansicht verstärkten Ausdruck zu geben. Es ist auch gar nicht zu leugnen, daß der Kopf und Schädel eines Kapuzineräffchens mit dem eines langschädeligen Menschen en miniature Ähnlichkeit haben. Trotzdem aber besteht unter den Forschern wenig Neigung, den Menschen an diese Formen anzuknüpfen.

Indessen der Mensch könnte ja in pliocäner Zeit in Südamerika gelebt haben, ohne daß er auch notwendig dort entstanden sein müßte! Er könnte ja nur eingewandert sein. Einerseits könnte man hierbei an einen ehemaligen, später zerbrochenen und unter den Meeresspiegel hinabgesunkenen Südkontinent denken, der vom südpolaren Gebiete sich nach Südamerika und vielleicht gar nach Australien erstreckt hätte; wie A. Gaudry das ausgeführt hat. Anderseits könnte man daran denken, daß der Mensch in tertiärer Zeit von Nordamerika her nach Südamerika gekommen wäre; wobei das Fehlen einer damals etwa noch nicht vorhanden gewesenen zentralamerikanischen Verbindung beider Hälften der Neuen Welt nicht notwendig ein absolutes Hindernis abgeben würde. Nordamerika hat ja über die Beringstraße einst mit Asien-Europa zusammengehangen; und in diluvialer Zeit scheint in der Tat der Mensch von dorther nach Nordamerika und dann nach Süden gewandert zu sein. Aber daß er das schon in tertiärer Zeit getan haben sollte, das würde bis jetzt ganz in der Luft schweben. Weder in Europa-Asien noch in Nordamerika kennt man bisher tertiäre unbezweifelbare Menschenknochen. Der berühmte angeblich tertiäre Calaveras-Schädel aus Mexiko hat sich nur als ein rezenter Indianerschädel erwiesen.[1]

Es ist also nach jeder Richtung hin unwahrscheinlich, daß der fossile Mensch in Südamerika entstanden sein sollte; und wenig wahrscheinlich, daß er in tertiärer Zeit dorthin von anderswoher eingewandert sein sollte. Indessen vorgefaßten Meinungen, Dogmen darf man sich nicht hingeben. Tatsache ist doch, daß der Atlas menschlich zu sein scheint; und wenn er

[1] W. Branca, Der fossile Mensch. Fünfter internationaler Zoologenkongreß, Berlin 1901.

wirklich vom Monte Hermoso stammt, und wenn wirklich die dortigen Ablagerungen pliocän sind, dann haben wir in ihm den ersten pliocänen Menschenrest und haben ihn aus Südamerika — ob das nun unsere bisherigen Anschauungen verletzt oder nicht. Aber — jene beiden „wenn“ müssen sicher bejahbar sein, sonst versinkt auch dieser unwahrscheinlichste aller Tertiärmenschen wieder in das Gebiet der Phantasie.

V. Ist der inferiore Schädeltypus diluvialer Zeit in Europa der geologisch ältere und zugleich hier der Vorfahr des höheren Typus?

Nachdem ich im vorhergehenden einen Überblick über seit 1901 gemachte Erfunde des fossilen Menschen gegeben habe, wende ich mich zur Besprechung einiger Fragen allgemeineren Inhalts und zunächst zu der in der Überschrift angedeuteten; wobei ich nochmals betone, daß ich in dieser Frage das Auftreten der beiden Schädeltypen nur in diluvialer Zeit und nur in Europa im Auge habe.

Man sollte ohne weiteres annehmen und hat das auch getan, daß der niedere, der Neandertaler Typus in Europa der geologisch ältere in diluvialer Zeit gewesen sei; und daß er hier auch zugleich der Vorfahr des Menschen mit höherem Schädeltypus gewesen sei.

Das erstere schien in der Tat der Fall zu sein, da gerade neuere Erfunde, die seit 1901 in mittleren und älteren Diluvialschichten gemacht wurden, wiederholt den niederen Typus geliefert haben. Aber ich habe schon auf S. 10 und S. 18 Anm. 1 gesagt, daß diese theoretisch berechtigte Annahme durch die bisherigen Erfunde nicht unterstützt, sondern im Gegenteil — bis etwa neue Erfunde Entgegengesetztes lehren — widerlegt wird. Nämlich in dem Falle, daß der Mensch von Galley-Hill wirklich der diluvialen Eolithenepoche, also sehr altem Diluvium, angehören sollte.

Deswegen könnte ja der inferiore Schädeltypus trotzdem der ältere sein, wie das unsere Anschauungen über Entwicklung fordern; nur braucht das doch nicht notwendig in diluvialer Zeit der Fall gewesen zu sein! Es könnte sehr wohl in tertiärer Zeit ein solcher Altersunterschied bestanden haben, also im Tertiär der inferiore Typus vor dem höheren entstanden sein, während in diluvialer Zeit dann beide bereits nebeneinander, gleichzeitig gelebt hätten. Warum sollte denn diese Entwicklung gerade erst in diluvialer Zeit vor sich gegangen sein? Das ist mir sogar ziemlich unwahrscheinlich.

Doch noch ein anderes ist bei dieser Frage nicht völlig ausgeschlossen: Falls der Mensch diphyletischen Ursprungs sein sollte, so daß der höhere und der niedere Schädeltypus unabhängig voneinander aus zwei verschieden gearteten Vorfahren entstanden wären, dann würde natürlich überhaupt keine Priorität des einen vor dem anderen bestanden zu haben brauchen.

Und noch ein drittes wäre möglich: Der höhere Schädel braucht sich ja nicht notwendig gerade in Europa aus dem inferioren entwickelt zu haben; so daß diese beiden dann **in Europa** in gar keinem solchen gegenseitigen Alters- und Entwicklungsverhältnisse zueinander gestanden hätten. Der höhere Typus kann sehr wohl in anderem Kontinente sich entwickelt haben und, mehr und mehr den niederen mechanisch verdrängend, nur in Europa eingewandert sein; ganz ebenso wie, viel später, die ursprüngliche langschädelige Menschheit Europas durch von Osten her eindringende kurzschädelige Völkerscharen aus dem Osten und Zentrum Europas fortgetrieben wurde, so daß sie auf die peripheren Teile des Kontinents beschränkt wurde.

Diese drei verschiedenen Möglichkeiten sind gegeben; und darum erscheint es mir sehr gewagt, heute bereits zu behaupten, daß der diluviale inferiore Schädeltypus der Vorfahr des höheren in Europa gewesen sei. Allein schon das Schicksal, welches die Benennung dieses inferioren Typus erlitten hat, mahnt zur Vorsicht: Zuerst wurde er bekanntlich als Cannstatter Rasse bezeichnet; bis sich dann herausstellte, daß der Cannstatter Schädel einem Römer- oder Alemannengrabe entstammt; mit anderen Worten, daß noch zur Römer- oder Alemannenzeit dort dieser Typus lebend vorkam.

Dann wurde er als Neandertal-Rasse bezeichnet; obgleich auch hier sicher war[1] und durch Rauff[2] neuerdings fest er-

[1] W. Branca, Der fossile Mensch. Fünfter internat. Zoologenkongreß, Berlin 1902, S. 16.

[2] H. Rauff, Zur Altersbestimmung des Neandertaler Menschen. Sitzungsber. d. niederrhein. Gesellsch. f. Natur- u. Heilkunde zu Bonn, Bonn 1903, 60. Jahrg., S. 11–90, Taf. I. Ferner: Über die Neandertalfrage. Ebenda 1904, Sitzung vom 7. Dezbr. 1903, S. 1—15. In § 48, S. 72 der erstgenannten Arbeit kommt Rauff zu

wiesen wurde, daß man über das Alter dieses Neandertal-Skelettes absolut nichts Sicheres aussagen kann; so daß also die Möglichkeit besteht, daß auch dieser Mensch mit niederem Schädeltypus erst in alluvialer Zeit bei dem heutigen Düsseldorf gelebt haben könnte.

Später wurde dieser fossile niedere Typus durch Schwalbes mit bewunderungswürdiger Genauigkeit gemachte Untersuchungen als eine besondere Art, Homo primigenius Wilser, von dem heutigen H. sapiens abgetrennt; weil sich durch Vergleichung mit mehreren hundert Rassenschädeln des heutigen Menschen ergab, daß er inferiorer bleibe als die inferiorsten desselben. Bis dann aber Macnamara und vor allem Klaatsch den Beweis lieferten, daß dieser fossile diluviale Schädeltypus nach heute lebend in Australien sich befindet; woraus denn folgt, daß die fossilen Vertreter desselben gar nicht eine gesonderte Art darstellen können, wenn doch jene lebenden zu H. sapiens gehörten.

Auch Virchow hatte schon früher, bei Gelegenheit einer anthropologischen Versammlung im Haag gesagt, daß er dort auf der Straße Leute mit ganz ebensolchen Schädeln, wie der Neandertaler, gesehen habe. Indessen ist eine solche flüchtige Beobachtung natürlich nicht als erbrachter Beweis zu betrachten. Wie überaus subtil hier die Messungen sein müssen, hat ja Schwalbe meisterhaft gezeigt.

Wir sehen also, daß dieser diluviale niedere Schädeltypus Europas nicht nur in der Römerzeit bei uns noch gelebt hat, sondern daß er sogar heute noch in Australien lebt. Da liegt doch der Gedanke nahe, daß diese selbe australische Rasse es war, die damals auch in Europa verbreitet war, und daß sie sich ziemlich

den Schlüssen: „1. Es ist unmöglich mit geologischen Hilfsmitteln das Alter des Neandertalers festzulegen. 2. Sein diluviales Alter ist nur aus seiner anatomischen Übereinstimmung mit den Resten von Spy und Krapina zu folgern."

Schon Virchow, obgleich nicht Geolog, hat stets mit Recht den Satz verfochten, daß sich das diluviale Alter des Neandertaler Schädels absolut nicht erweisen lasse. Jetzt wird von geologischer Seite der Beweis erbracht, daß Virchow recht hatte.

Damit wird hoffentlich endlich das Vorführen des Neandertalers als einer sicher diluvialen Form aus der Literatur verschwinden.

Der zweite oben zitierte Satz Rauffs ist heute natürlich nicht mehr haltbar, seitdem wir wissen, daß dieser Schädeltypus noch heute in Australien lebt. Er war aber auch schon vordem nur mit sehr großer Vorsicht anzuwenden, seitdem sich gezeigt hatte, daß der zum gleichen Typus gehörige Cannstatter Schädel nicht diluvial, sondern rezent ist.

unverändert aus diluvialer Zeit bis heute erhalten hat. Wohingegen der diluviale höhere Typus nicht in Europa durch Weiterentwicklung aus dem niederen entstanden wäre, sondern an einem anderen Orte sich entwickelt und, in unsere Gebiete dann nur einwandernd, den niederen lediglich mechanisch verdrängt hätte. Aber während jener niedere Typus mehr und mehr dem Aussterben verfallen wäre, so hätte dieser höhere sich mehr und mehr ausgebreitet.

Es gibt aber noch andere Gründe, welche meiner Ansicht nach zu Vorsicht mahnen, wenn man den europäischen Menschen mit höherem Schädeltypus ohne weiteres als den Nachkommen des europäischen mit niederem Schädeltypus ansehen wollte.

Allerdings läßt sich theoretisch leicht eine Vorstellung gewinnen, wie sich diese Umwandlung vollzogen haben müßte:

Die fliehende Stirn hätte sich aufgerichtet, die Parietalgegend sich gehoben; und Hand in Hand damit hätte sich die Gehirnmasse vermehrt.

[Übrigens darf man nicht außer acht lassen, daß fliehende Stirn und niedriges Schädeldach nicht notwendig immer mit einer geringeren Hirnmasse verbunden zu sein brauchen. Nämlich dann nicht, wenn dieser niedrige Schädel sich sehr weit nach hinten hin verlängert, wie letzteres so stark der Fall ist, z. B. bei dem von Hauser und Klaatsch in Südwestfrankreich ausgegrabenen inferioren Schädel des ca. 16jährigen Knaben (S. 15 u. 16, Fig. 1 u. 2). Es leuchtet ein, daß dadurch die Ausdehnung des Gehirns nur nach hinten anstatt nach oben verschoben werden kann; so daß möglicherweise ein Schädel des Neandertaler Typus, wenn hinten sehr stark verlängert — und Langschädel scheinen für den Neandertaler Typus kennzeichnend zu sein, wie auch Fig. 4 erkennen läßt —, kein oder kein nennenswertes Manko von Gehirnmasse aufzuweisen brauchte. Bei welcher Betrachtung man wiederum nicht vergessen darf, daß innerhalb gewisser Grenzen die absolute Masse des Gehirns jedenfalls für die Intelligenz eine viel geringere Rolle spielt, als die feinere Struktur desselben und als die relative Masse des Gehirns gegenüber der der anderen Nervenmasse: Verhältnisse, welche jedoch außerordentlich schwer festzustellen sind.]

Ebenfalls leicht vorstellbar wäre es, daß die Größe der Zähne und damit die Massigkeit der Kiefer, namentlich des so sehr massigen Unterkiefers der diluvialen inferioren Rasse, sich allmählich bei den Nachkommen verringert haben könnten. Nämlich dann, wenn durch geringere Beanspruchung des Gebisses infolge weicherer bzw. weicher zubereiteter Nahrung der Blutzufluß zum Gebisse und den Kiefern geringer, daher deren Ernährung eine geringere, folglich ihre Größe eine geringere geworden wäre.

Leicht zu begreifen wäre anscheinend auch der Vorgang einer allmählichen Entstehung eines Kinns am menschlichen Unterkiefer, indem Hand in Hand mit der Reduktion des Gebisses auch eine Verkürzung des Alveolarteiles am Unterkiefer sich vollziehen mußte, wodurch dann die Basis des Unterkiefers ohne weiteres hervorragen und ein Kinn bilden mußte. Indessen so einfach kann dieser Vorgang nicht gewesen sein; denn die Reduktion des Gebisses ist ja keineswegs auf den Menschen allein beschränkt, sondern hat sich im Laufe der geologischen Zeiten recht allgemein bei Säugern in höherem oder geringerem Maße vollzogen, ist auch bei anderen Gruppen, wie bei gewissen Flugsauriern, bei allen Vögeln, bei Schildkröten eingetreten. Und doch ist bei all diesen Tierformen nicht nur keinerlei Kinnbildung entstanden; sondern es ist auch bei ihnen die Reduktion des Gebisses erfolgt, ohne daß an eine weichere Zubereitung der Speisen oder etwa an ein Weicherwerden ihrer Nahrung als Ursache gedacht werden kann. Man sieht, daß notwendig noch andere Umstände mitgewirkt haben müssen an der Herausbildung des Kinns am höheren Menschenschädel.

Auch Walkhoff, der zuerst den Einfluß der Reduktion des Gebisses auf die Entstehung des Kinns hervorgehoben hat,[1] betonte, daß dies niemals die alleinige Ursache sein könnte, wie Weidenreich das später dennoch wollte. Kürzlich haben Bünte und Moral[2] darauf hingewiesen, daß eine Beziehung besteht zwischen der Ausbildung des Kinns und der Öffnungsrichtung des Foramen mentale. Letzteres ist bei dem Menschen nach hinten und oben geöffnet, bei den Tieren aber nach vorn; nur Schimpanse und Homo Heidelbergensis (S. 19—21, Fig. 5 u. 6) scheinen einen Übergang darzustellen.

Die Öffnung des Foramen mentale hat sich also beim Menschen gleichzeitig mit der Herausbildung des Kinns von ihrer ursprünglichen Richtung von vorn nach hinten-oben gedreht. Der Grund für diese Drehung aber liegt nach ihnen darin, daß einmal der

[1] Vgl. auch darüber Gorjanovič-Kramberger, Zur Kinnbildung des Homo primigenius. Prähistoriker-Versammlung zur Eröffnung des anthropolog. Museums in Köln, Juli 1907, S. 109—113, wo die Ansichten von v. Bardeleben, Toldt, Walkhoff, Fischer kurz besprochen werden.

[2] Bünte und Moral, Über das Foramen mentale. Korrespondenzblatt für Zahnärzte, Berlin 1910, Heft 2, S. 140—151, Fig. 1—5.

Alveolarfortsatz, also der obere Teil des Unterkiefers, mit der Reduktion des Gebisses ebenfalls reduziert wird; und daß zweitens aber auch die Basis mandibulae, also der untere Teil des Unterkiefers, nach vorn vorrückt. Zwischen diesem unteren vorrückenden und dem oberen zurückweichenden Teil des Unterkiefers liegt das Foramen mentale und seine Öffnung hat sich infolgedessen entgegengesetzt dem Sinne des Uhrzeigers gedreht; in gleicher Weise wie eine Kugel zwischen zwei mit gleicher Geschwindigkeit, aber in entgegengesetzter Richtung sich vorwärts bewegenden Brettern sich nur dreht, aber an derselben Stelle liegen bleibt. Oder umgekehrt: Aus dieser Drehung des Foramen im genannten Sinne folgern Bünte und Moral, daß auch ein Vorwärtsrücken der Basis mandibulae mit stattgefunden hat.

Der Unterschied dieser Erklärung von der obigen ist also der: Wenn nur Reduktion des Gebisses und Verkürzung des Alveolarrandes als Ursache geltend gemacht wird, bleibt die Basis mandibulae so lang, wie sie war, rückt also nur scheinbar vorwärts. Nach Bünte und Moral dagegen würde die Basis tatsächlich vorwärts rücken. Die Ursache suchen sie wohl in der allmählich geringeren Beanspruchung der Schneidezähne beim höheren Menschen, also in der Verschiedenheit des Druckes auf die Basis.

Wir sahen also, daß gewisse Veränderungen am Schädel, die eine Umbildung des niederen Typus in den höheren erzeugen könnten, mehr oder weniger leicht zu verstehen sein würden.

Schwer einzusehen scheint es mir jedoch, daß dieser Vorgang der Reduktion des Kiefers und Gebisses sich bereits in diluvialer Zeit tatsächlich vollzogen haben müßte: Der diluviale Mensch des höheren, des Cro-Magnon-Typus in Europa ist vielleicht ebenso alt wie der des Neandertaler Typus,[1] vielleicht sogar älter als dieser; jedenfalls ist er so wenig jünger, daß er kaum eine so viel vollkommenere Zubereitung der Speisen und damit die Möglichkeit einer geringeren Beanspruchung des Gebisses sich verschafft haben dürfte. Zudem wird er ganz dasselbe Jägerleben geführt, also ganz dieselbe überwiegende Fleischnahrung genossen haben wie der Mensch des Neandertaler Typus.

Ebenso kann ich auch nicht so leicht die Vorstellung gewinnen, daß die mächtig vorspringenden Augenbrauenbögen sich in dem

[1] Vgl. S. 9 u. 10 das über den Galley-Hill-Schädel Gesagte.

kurzen Zeitraum bis zum Erscheinen des Cro-Magnon-Typus — falls dieser überhaupt in Europa später erschienen ist als der Neandertaler Typus — völlig zurückgebildet haben sollten.

Abgesehen von der Zeit aber, die mir viel zu kurz für eine solche Zurückbildung der starken Augenbrauenbögen während einer kurzen Spanne der Diluvialzeit erscheint, ist es überhaupt die Frage, ob eine so extreme Bildung, die doch als starke Spezialisierung bezeichnet werden muß, sich zurückbildet. Ist sie erst im Laufe der Zeiten allmählich erworben worden, dann ist kaum anzunehmen, daß sie wieder zurückgebildet worden sein sollte; und das um so weniger, als wir auch heute noch bei Australiern diese Bildung erhalten finden.

Nun ist ja die Art der tierischen Vorfahren des Menschen durchaus strittig. Waren es Formen mit einem Schädel, der solche Augenbrauenbögen nur schwach oder nicht besaß, dann wären die Schädel vom Cro-Magnon-Typus vielleicht die Fortbildung derartiger Schädel, ohne daß es hier jemals zum Erwerb solcher „Außenwerke“ [1] gekommen wäre. Die Träger der Schädel vom Neandertal-Typus dagegen hätten solche Außenwerke erst erworben — falls sie nicht etwa von anderen tierischen Vorfahren abstammen, die solche Außenwerke schon besaßen, wie dies bei unseren Anthropomorphen der Fall ist. Aber auch letztere müssen sie doch erst erworben haben. Das Einfachere dürfte jedenfalls das geologisch Ältere sein.

In dieser Beziehung ruht eben, bis auf den letzten Satz, alles auf unsicherer Grundlage.

Ich fasse noch einmal kurz zusammen: Es lassen sich zwar leicht Vorstellungen gewinnen von der Art und Weise der Vorgänge, durch welche in Europa der höhere Schädeltypus sich aus dem niederen entwickelt haben könnte. Aber, abgesehen davon, daß diesen Vorstellungen doch gewisse Schwierigkeiten entgegentreten, die zeitlichen Verhältnisse machen vermutlich die Ansicht unhaltbar, daß sich in Europa diese Umformung vollzogen habe.

Aus anderen Gründen,[2] nämlich aus gewissen Eigenschaften der Zähne des Neandertal-Typus, meint Adloff einen Beweis gegen die Annahme ableiten zu

[1] Wie Virchow unter anderem auch die Augenbrauenbögen recht treffend bezeichnet hat.

[2] Adloff, Die Zähne des Homo primogenius von Krapina und ihre Bedeutung für die systematische Stellung desselben. Zeitschr. f. Morphol. u. Anthropol., Bd. X, Heft 2, S. 197—202.

können, daß der höhere Schädeltypus sich in Europa aus jenem niederen entwickelt habe.[1] Bei den Krapinamolaren, oben wie unten, herrscht nämlich eine ganz auffallende Neigung zu einer Verschmelzung der Wurzeln. Von 23 oberen Molaren, darunter 13 M^1, weisen nur 2 eine dreiteilige Wurzel auf. Von 24 unteren Molaren haben nur 5 zwei völlig getrennte Wurzeln.

Ähnliches findet sich in dieser starken Ausdehnung bei dem rezenten Menschen nicht. Sogar bei dem modernen Europäer gehören verschmolzene Wurzeln an M^1, oben wie unten, zu den Seltenheiten. An M^2 und besonders M^3 sup., findet sich das etwas häufiger, an M^2 und M^3 inf. dagegen wieder seltener. Zudem gehen verschmolzene Wurzeln beim modernen Menschen meist Hand in Hand mit Reduktion der Krone, was beim Krapinamenschen nicht der Fall zu sein scheint; bei letzterem haben selbst sehr kräftige Zähne nur eine Wurzel, d. h. verschmolzene Wurzeln.

Diese Verschmelzung der Wurzeln beim Krapinamenschen, folgert Adloff, ist das Zeichen einer höheren Spezialisierung. Unmöglich kann der heutige Europäer, als Mensch mit weniger spezialisierten Zähnen, der Nachkomme des höher spezialisierten sein.

Einen ähnlichen Beweis hat Adloff aus der Zahl der Höcker der unteren Molaren genommen. Der heutige Europäer, obgleich er ein reduziertes Gebiß besitzt, hat einen sehr viel größeren Prozentsatz unterer Molaren mit noch fünf Höckern als der diluviale Krapinamensch. Wenn nun aber der Krapinamensch der Vorfahr des europäischen Menschen wäre, so müßte man gerade umgekehrt erwarten, daß er eine noch größere Anzahl unterer Molaren mit fünf Höckern gehabt habe, als der heutige Europäer, dessen Gebiß schon weiter reduziert sein müßte. In der Tat ist auch in der australischen Rasse, die wir wegen ihrer Ähnlichkeit mit dem Neandertaler wie wegen ihrer mangelnden Kultur, als primitiv bezeichnen, nach den Feststellungen

[1] Allerdings spricht Adloff nur vom Krapina-Typus. Aber da ich in dieser Arbeit stets den Ausdruck Neandertal-Typus für den niederen diluvialen Schädelbau, dem der Krapinamensch nach allgemeiner Annahme ebenfalls angehörte, gebraucht habe, so mußte ich hier Adloffs Wort „Krapina"-Typus in Neandertal-Typus verwandeln. Dazu kommt, daß wir von keiner Lokalität, an der man den Neandertal-Typus gefunden hat, auch nur annähernd so viel Zähne kennt, als von Krapina: so daß diese letzteren Zähne eigentlich ganz vorwiegend maßgebend sind für unsere genauere Kenntnis der Zähne des Neandertal-Typus. Ich hebe aber hervor: Adloff spricht nur von den Krapina-Zähnen.

de Terras M^2 inf. in 75 % der untersuchten Fälle fünfhöckrig; das ist ein ganz gewaltig hoher Prozentsatz.[1]

Wir sehen also, daß sich eine ganze Anzahl von Schwierigkeiten ergibt, gegenüber der Annahme, daß in **diluvialer** Zeit in **Europa** der höhere Schädeltypus sich aus dem niederen entwickelt habe. Diese Schwierigkeiten würden noch mehr steigen, wenn der diluviale höhere Typus in Europa der ältere sein sollte (S. 9 u. 10).

VI. Gründe gegen die Möglichkeit der Abstammung des Menschen von solchen anthropomorphen Formen, wie es die heutigen Menschenaffen sind.

Zähne. Auch gegen eine solche Vorstellung läßt sich eine ganze Anzahl von Gründen geltend machen. Wiederum ist es Adloff, der aus Gründen, die der Bezahnung entnommen sind, gegen diese Vorstellung auftritt. Er macht zunächst[2] auf einen Unterschied aufmerksam, welcher das Gebiß der Anthropomorphen von dem des Menschen seiner Ansicht nach so fundamental unterscheidet, daß keiner der lebenden wie fossilen[3] Anthropomorphen ein direkter Verwandter des Menschen sein könne.

Bisher sind wesentlich immer die Molaren vergleichend in Betracht gezogen; nach Adloff aber sollte man die Entscheidung der Frage, ob die betreffende Form zur Vorfahrenreihe des Menschen herangezogen werden kann, in die unteren Prämolaren, speziell den vordersten verlegen. Es ist bekannt, übrigens ja auch längst betont, daß das Milchgebiß der Säuger eine ältere, primitivere Entwicklungsstufe repräsentiert, als das jüngere, modernere Ersatzgebiß; daß daher die Form der Milchzähne auf das Gebiß der Vorfahren hinweisen muß. In einer früheren Zeit werden die Prämolaren von den Molaren

[1] Adloff, Ausgestorbene Menschenaffen und ihre Beziehungen zum Menschen. Schriften der physikal.-ökonom. Gesellsch. zu Königsberg i. Pr., 48. Jahrg., 1907, S. 113—116.

[2] de Terra gibt in seinen „Mitteilungen zum Krapinafund unter besonderer Berücksichtigung der Zähne" (Schweizerische Vierteljahrsschr. f. Zahnheilk., 1903, Bd. XIII, Heft 1 u. 2, Zürich 1903, S. 1—41, 60 Fig. u. 2 Täfelchen) zahlreiche vergleichende Beobachtungen über diese Krapinazähne mit denen anderer Menschen und der Affen. Vgl. auch seine Beiträge zu einer Odontographie der Menschenrassen, Berlin 1905.

[3] Soweit eben deren meist sehr spärliche Reste derartige Beobachtungen gestatten.

sich überhaupt nur durch die Größe, nicht aber durch ihre Gestalt unterschieden haben. Die ganze Zahnreihe muß lediglich von vorn nach hinten größer gewesen sein, so daß also der hinterste Prämolar dem vordersten Molar fast gleich war. Das muß auch bei fernen menschlichen Vorfahren so gewesen sein. Denn es ist noch heute bei dem unteren Milchgebiß des Menschen der Fall. Dagegen ist es bei den Anthropomorphen nicht der Fall; hier hat nur der hintere Prämolar zwei Höcker, der vordere dagegen ist einspitzig und gleicht damit eher einem Caninus, als einem Molar; und das gilt auch bereits beim Milchgebiß.

Wenn also die Milchprämolaren die ursprüngliche, auf die Vorfahren hinweisende Bezahnung darstellen, so weisen sie beim Menschen auf Vorfahren hin, bei denen Prämolaren und Molaren noch nicht differenziert waren; bei den Anthropomorphen dagegen auf Vorfahren, bei denen der vorderste untere Molar schon differenziert war. Daraus folgt, so schließt Adloff, daß die Trennung beider Stämme schon tief an der Wurzel erfolgt sein muß. Das Gesagte aber gilt auch von dem fossilen Dryopithecus, von dem das Gebiß vollständig genug bekannt ist, also von dem fossilen Anthropomorphen, den man am ehesten noch als Vorfahr des Menschen bezeichnen möchte.

Man würde, scheint mir, daran denken können, gegen Adloffs Folgerung geltend zu machen, daß bei den Anthropomorphen durch die so starke Ausbildung des Caninus der vorderste untere Prämolar bedrängt worden sei und lediglich darum eine Spitze verloren habe. Aber im Unterkiefer sind ja beide genannten Zähne C und P^2 durch die Zahnlücke getrennt, so daß wohl eine mechanische Bedrängung unmöglich die Ursache des Verschwindens der einen Spitze des vordersten Prämolar sein kann; zumal es ja nicht etwa eine vordere, d. h. in der Reihe liegende, sondern eine innere Spitze ist, die hier fehlt. Aber man könnte vielleicht auch an eine physiologische Bedrängung denken; in der Weise, daß der große Caninus so viel Bildungsmaterial in diesem Teile der Zahnreihe absorbiert habe, daß für den folgenden Prämolar nicht genügender Blutzufluß stattfand. Indessen wenn dem so wäre, dann würde noch viel mehr der äußere Incisivus, der unten ja dicht neben dem Caninus steht, durch Mangel an Nahrung verkleinert worden sein; und das ist nicht der Fall.

Auch G. Schwalbe[1] hat schon früher darauf hingewiesen, daß

[1] Die Vorgeschichte des Menschen. Vieweg in Braunschweig 1904, S. 26.

man bei Dryopithecus immer nur die Ähnlichkeit der Molaren mit denen des Menschen betont habe, nicht aber zugleich auch die große Verschiedenheit, welche in der Beschaffenheit der beiden Prämolaren hier und dort stattfinde. Daraus folgert er mit Recht die Unmöglichkeit, Dryopithecus die höchste Stelle in der Entwicklungsreihe der Anthropomorphen zu geben. Wohl aber folge, daß in der (wie er als möglich annimmt) von Dryopithecus zum Menschen führenden Entwicklungsbahn die Form der Molaren sich wenig, die der Prämolaren aber stark geändert habe, so daß diese beim Menschen einen völlig verschiedenen Charakter angenommen hätten. [1]

Gegen eine Abstammung des Menschen von den Anthropomorphen hat sich dann aber auch Schoetensack ausgesprochen (S. 19) aus Gründen, welche in dem Mißverhältnis der klotzigen, massigen Gestalt des Unterkiefers (S. 18) aus den Maurer Sanden und der dem nicht entsprechenden Größe der Zähne liegen. Diese Zähne haben nämlich keine dem Unterkiefer entsprechende riesige Größe; und sie besitzen zudem nur eine dünne Dentinwand, von der die auffallend große Pulpahöhle umgeben wird. Sie entsprechen daher dem Zustande, wie er sich beim menschlichen Kinde findet, nicht aber bei dem anthropomorphen.

Femur. Indessen nicht nur dem Gebiß entnommene Merkmale lassen sich gegen eine Abstammung des Menschen von Anthropomorphen geltend machen; auch das Verhalten des Femur spricht gegen eine Abstammung des Menschen von typischen Formen heutiger Anthropomorphen, allerdings hier bei Absehen von Hylobates. Das Femur der anderen Anthropomorphen ist nämlich von dem des Menschen stark unterschieden, allein schon durch seine Kürze und Dicke, durch die sagittal komprimierte Diaphyse, deren ovalen Querschnitt und einer Reihe anderer Merkmale. [2]

[1] Vor einseitiger Verwendung der den Zähnen entnommenen Merkmale wird man sich freilich bei Spekulationen über die tertiären Vorfahren des Menschen zu hüten haben, da es keineswegs ausgeschlossen ist, daß Ähnlichkeiten in der Bezahnung von verschiedenartigen Formen erworben werden können. Andernfalls wäre sicher Dryopithecus die uns nächststehende Form; und für Dryopithecus würde man auch noch die Gestaltung des Femur als weitere Beziehung zum Menschen anführen können — wenn es eben sicher wäre, daß das bei Eppelsheim isoliert gefundene Femur wirklich zu Dryopithecus und nicht zu einer anderen Gattung gehörte, die vielleicht merklich andere Zähne besaß. Aber darüber läßt sich bis jetzt absolut nichts Sicheres sagen; die bloße, auf Vermutung gegründete Behauptung, daß dem so sei, ist natürlich kein Beweis.

[2] Bumüller, Das menschliche Femur nebst Beiträgen zur Kenntnis der Affenfemora. Dissertation, Augsburg 1899.

Ein ebensolches Femur müssen wir auch schon bei den tertiären Vorfahren dieser Anthropomorphen voraussetzen, welche die Vorfahren des Menschen sein sollen. Diese Anthropomorphen aber gingen zweifellos vierfüßig, d. h. die Hinterextremität trug nur die Hälfte der Körperlast. Wenn nun trotz dieser nur halben Belastung ihr Femur bereits so dick und kurz geworden war, so mußte es folgerichtig, sobald die Nachkommen aufrechte Haltung eingenommen hätten, noch dicker und kürzer geworden sein; denn dann hätte ja das Femur die ganze Körperlast zu tragen gehabt.

Der Mensch als zweibeiniger Nachkomme dieser Anthropomorphen hätte mithin noch dickere, kürzere Oberschenkelknochen erlangt haben müssen, als diese seine angeblichen Vorfahren besaßen. Anstatt dessen hat der Mensch aber umgekehrt viel längere und dünnere Femora als diese angeblichen Vorfahren. Folglich kann der Mensch unmöglich der Nachkomme von Schimpanse-, Gorilla-, Orang-ähnlichen Formen sein — vorausgesetzt, daß es überhaupt richtig ist, daß Knochen auf Druck und Zug in ihrer Gestaltung reagieren; und das ist doch wohl der Fall.

Es würden also als Vorfahr des Menschen höchstens tertiäre gibbonartige Formen übrig bleiben können; denn das Femur von Hylobates (der bekanntlich am besten aufrecht gehen kann, aber doch ebenfalls vierfüßig geht, jedoch von vielen nicht mehr zu den Anthropomorphen gezählt wird) ist dem des Menschen viel ähnlicher, weil es schlanker (sogar noch schlanker als das des Menschen) ist und runden Querschnitt hat. So erklärt es sich, daß das in Eppelsheim gefundene Femur, welches sicher infolge seiner Gestalt einer Hylobates relativ nahestehenden Form angehört hat, zuerst für den eines ca. 12jährigen Mädchens gehalten wurde. Aber gegen Hylobates als Vorfahr sprechen die Arme.

Arme. Alle Menschenaffen, einschließlich des Gibbon, weichen nämlich vom Menschen in ähnlicher Weise ab, wie Giraffe, Hyäne, Fledermaus von anderen Vierfüßlern; d. h. in der überwiegenden Länge ihrer vorderen Gliedmaßen, namentlich der distalen Hälfte derselben. Und gerade der Gibbon hat überaus lange Arme.

Nehmen wir diese bei seinen Vorfahren in jung- und mitteltertiärer Zeit ebenfalls als vorhanden an, wie sollen dann aus diesen langen Gibbon-Armen die kurzen Menschenarme geworden sein?

Wenn Knochen auf Druck und Zug reagieren und sich dementsprechend umformen, dann ist es ja begreiflich, daß die Arme infolge einer überaus starken Beanspruchung, wie das bei den Anthropomorphen, speziell auch dem Gibbon, infolge ihrer unablässigen Turnübungen der Fall ist, so sehr lang geworden sind. Das ist dann eine Spezialisierung, und zwar eine solche, die bereits bis zum Exzeß vorangeschritten ist.

Wie soll es nun aber denkbar sein, daß bei den supponierten menschlichen Nachkommen solcher Anthropomorphen, infolge von geringerem Gebrauche der Arme, diese erst exzessiv lang gewordenen Arme der Vorfahren nun wieder kürzer geworden wären, daß also die Spezialisierung wieder zurückgeschritten sei? Das ist undenkbar. Folglich können auch solche gibbonartige Vorfahren wie die heutigen Gibbons für den Menschen nicht in Frage kommen.[1]

So ähnlich daher auch die Anthropomorphen dem Menschen sind, und so sehr es nach den Friedenthalschen Untersuchungen scheint, daß wir mit ihnen sehr nahe blutverwandt sein müssen; und so sehr wir auch gezwungen sind, unsere tertiären, tierischen Vorfahren ganz ungefähr unter einem solchen Bilde uns vorzustellen, wie es die Anthropomorphen uns heute zeigen — so geht doch aus der Gesamtsumme aller obigen Erwägungen hervor, daß Formen wie die heutigen Anthropomorphen, bzw. also deren tertiäre Vorfahren, nicht in der Ahnenreihe des Menschen stehen können.

Nur dann würde ein Teil dieser Erwägungen hinfällig werden, wenn wir wüßten, daß die tertiären Vorfahren der heutigen Anthropomorphen noch kurze Arme gehabt hätten, falls man auf Gibbons als Vorfahren hinaus will; und noch nicht so kurze, dicke usw. Femora gehabt hätten, falls man auf Schimpanse-, Gorilla-, Orang-Formen hinaus will. Aber für die Richtigkeit einer solchen Annahme liegen uns bisher nicht die mindesten paläontologischen Anhaltspunkte vor. Außerdem aber stehen doch auch noch jene vorher betrachteten anderen Schwierigkeiten, die sich aus der Bezahnung ergeben, im Wege.

[1] Vgl. im übrigen bezügl. dieser Frage des Dryopithecus oder der Gibbons als Vorfahren der Menschen meine Arbeit: Die menschenähnlichen Zähne im Bohnerz. Teil I, S. 75—98 im Jahreshefte d. Vereins f. vaterländ. Naturkunde in Württemberg, 1898.

Was nun schließlich Pithecanthropus anbetrifft, dessen tertiäre Vorfahren in Frage kommen könnten, so wissen wir über seine Arme und sein Gebiß gar nichts, bzw. fast gar nichts, können daher bis jetzt mit der Gestaltung, welche seinen Vorfahren in diesen Beziehungen zukam, noch viel weniger rechnen.

Aufrechter Gang und Becken. Umstritten wie die Frage, ob die Anthropomorphen unsere Vorfahren sind,[1] ist auch die andere Frage, ob unsere Vorfahren auf Bäumen oder auf der Erde gelebt haben. Sei dem aber wie ihm wolle, in jedem der beiden Fälle müssen sie ihre Haltung in irgendeiner Zeit einmal aus der vierfüßigen aufgerichtet und damit ihre Becken verändert haben.

Daß diese Erwerbung des aufrechten Ganges jeder höheren Ausbildung des Gehirnes und vor allem auch der Erwerbung manueller Geschicklichkeiten vorausgehen mußte, ist eine naheliegende Anschauung, der ich in meiner unten zitierten Arbeit 1898 ebenfalls Ausdruck gegeben habe.[2] Indem die Hand vom niedrigen Dienste eines Gehwerkzeuges befreit wurde, erhielt das Gehirn den Anstoß, nachzudenken über das Wie? ihrer Verwendung. Durch die aufrechte Haltung mußte natürlich das Becken in veränderter Weise beansprucht werden.

[1] Die von Klaatsch geäußerte Ansicht, daß die Primaten schon sehr frühzeitig aus der den Säugern gemeinsamen Wurzel abzweigten, findet auch durch die Untersuchungen Eugen Fischers über die Entwicklung des Affenschädels (Eugen Fischer, Zur Entwicklung des Affenschädels, Zeitschrift für Morphologie und Anthropologie, Bd. V, Heft 3, Stuttgart 1903, S. 383—414, Taf. 11 u. 12) eine gewisse Unterstützung. Am Primordialcranium der Embryonen von Macacus und Semnopithecus stellte Fischer eine Reihe von Merkmalen fest, die sich an die der Reptilien anschließen; woraus der genannte Autor den Schluß zieht, daß die Affen, wie vermutlich die Säuger überhaupt, phylogenetisch von Urformen der Reptilien, und nicht etwa der Amphibien, abgeleitetet werden müssen. (Freilich beschränken sich unsere Kenntnisse vom Primordialcranium der Säuger im allgemeinen bisher auf wenige Formen, wie Fischer hervorhebt.)

Klaatsch verwahrt sich übrigens, wie hier wohl erwähnt werden muß, dagegen (Correspondenzblatt für Anthropologie, Ethnologie und Urgeschichte von Ranke und Thilenius, Sept.-Dez. 1907, Jahrg. 38, S. 88, Anm. 2), daß er mit jener Anschauung die nahe Verwandtschaft der Anthropomorphen mit den Menschen habe bestreiten wollen, wohin er von vielen Autoren mißverstanden sei. Aber ich glaube ihn doch auch dahin richtig zu verstehen, daß er Anthropomorphe und Menschen mehr als zwei divergierende Zweige eines Stammes ansieht, indem er die Ansicht vertritt, daß der Mensch sich schon in früher Tertiärzeit als solcher bereits entwickelt hatte (Klaatsch, Entstehung und Entwicklung des Menschengeschlechtes. In Weltall und Menschheit v. Kraemer 1902, Bd. II, S. 200.

[2] Die menschenähnlichen Zähne aus dem Bohnerz. Teil I, S. 70—75, Jahresheft des Vereins f. vaterländ. Naturkunde i. Württemberg, Stuttgart 1898.

Von Interesse sind hierfür die vergleichenden Untersuchungen, die J. van der Hoeven Leonhard[1] zwischen dem Becken von Anthropomorphen, Menschen und Kindern angestellt hat. Sobald aufrechte Haltung an Stelle bisheriger vierfüßiger (oder liegender) dauernd sich einstellt, werden am Becken infolge der Wirkung der Last des Körpers und, wie er sagt, des Gegendruckes der Femora gewisse Umwandlungen sich einstellen. Vergleicht man das Becken eines Menschenkindes mit dem eines Erwachsenen, so läßt sich daher an diesem letzteren die Formveränderung infolge von Anpassung an aufrechte Haltung deutlich erkennen. Vergleicht man weiter das Becken der Anthropomorphen, welche ja in dieser Beziehung zeitlebens unter den Bedingungen verharren, denen das (noch nicht dauernd gehende) Menschenkind nur kurze Zeit hindurch unterworfen ist, so zeigten sich hier ähnliche, nur stärkere Merkmale als beim Kinde.

Daraus folgt, sagt van der Hoeven, daß das menschliche Becken entstanden sein muß aus einem solchen, das in naher „Beziehung stehen muß zu dem der heutigen Anthropoiden". Mir scheint dieser Schluß, falls ich recht verstehe, viel zu weitgehend. Bei der Fähigkeit des Skelettes, auf anhaltenden Druck und Zug zu reagieren, sind diese Unterschiede zwischen vierfüßig und zweifüßig gehenden, verwandten Formen, wie Anthropomorphe und Mensch, sehr erklärlich und verständlich. Aber daraus folgt noch nicht —, vorausgesetzt, daß van der Hoeven das hat sagen wollen — daß des Menschen Becken sich aus dem Becken der direkten Vorfahren heutiger Anthropomorphen entwickelt haben muß.[2]

VII. Pithecanthropus.

An den oben S. 12—24 besprochenen niederen Schädeltypus des Menschen, aber noch weiter nach abwärts, noch eine Stufe niedriger, tierischer, schließt sich bekanntlich der in seiner systematischen Stellung wie in seinem geologischen Alter vielumstrittene Typus des Pithecanthropus an.

[1] Over de betrekking van het bekken der anthropoiden tot dat van den mensch. Dissertation 1906. (Autoreferat i. Centralbl. f. Neues Jahrb. f. Mineral., Geol., Pal., 1906, S. 312—13.)

[2] Wichtig ist in dieser Hinsicht, daß Klaatsch am Becken des Neandertaler Menschen gefunden hat, daß dieses noch gewisse primitive Merkmale besitzt, welche dem Menschenkinde zukommen: Steilheit der Schaufeln und Streckung des Ischium.

Wie sehr ich recht hatte, im Jahre 1901 zu sagen, daß man bei Betrachtung der tertiären Vorfahren des Menschen zunächst noch vom Pithecanthropus absehen müsse, da sein tertiäres Alter keineswegs sicher gestellt sei, das hat der Erfolg bewiesen, indem von vierfach verschiedener Seite in neuester Zeit ein diluviales, zum Teil nur mitteldiluviales Alter für die Pithecanthropus führende Schicht behauptet wird.

Zuerst hat Martin in Leiden aus rein paläontologischen Gründen, aus der Untersuchung der fossilen Süßwasser-Mollusken, welche in der Schicht des Pithecanthropus gefunden worden sind, diesen Schluß gezogen; indem er zeigte, daß die ihm übergebenen, bestimmbaren Formen sämtlich heute noch lebenden Arten angehören.[1]

Dann ist von Volz sogar auf ein nur mitteldiluviales Alter aus folgenden rein geologischen Gründen geschlossen worden:[2] Die betreffende Ablagerung von Trinil auf Java ist eine Süßwasserbildung, bestehend aus Tonen, Sanden usw. Eingeschaltet in diese findet sich eine aus vulkanischem Material gebildete Ablagerung; das ist die, welche den Pithecanthropus und dic ihn begleitende Säugetierfauna zum größten Teil geliefert hat. Das Material dieser Ablagerung hat der benachbarte Vulkan Lawu-Kukusan erzeugt. Dieser Vulkan besteht erst seit diluvialer Zeit. Folglich ist auch die in seinem Materiale begrabene Fauna diluvialen Alters.

Ferner hat Elbert[3] aus geologischen und paläontologischen Gründen sich für mitteldiluviales Alter ausgesprochen: Allerdings muß man, so sagt er, E. Dubois recht geben, daß der Lawu-Vulkan seine Tätigkeit schon im Pliocän begonnen habe. Aber jene vulkanische Ablagerung gehört nicht der ersten Zeit seiner Tätigkeit an, sondern erst der späteren, diluvialen.

Aber auch in paläontologischer Beziehung kommt Elbert zu gleichem Ergebnis: Er hat, wie er sagt, ganz dieselbe Fauna, welche mit Pithecanthropus vergesellschaftet ist, auch an anderer Stelle gefunden, in einer Schotterterrasse desselben Soloflusses. Das aber ist nicht einmal eine Hoch-, sondern nur eine Niederterrasse. Daraus folgt dann zwingend ein nicht einmal alt-, sondern sogar relativ

[1] Vgl. darüber W. Branca, Vorläufige Mitteilung über die Ergebnisse der Trinilexpedition. Sitzungsberichte d. Königl. Preuß. Akademie d. Wissensch., 1908, S. 7.

[2] Volz, Das geologische Alter der Pithecanthropus-Schichten bei Trinil, Ost-Java. Neues Jahrb. f. Mineral., Geol., Paläontol., Festband 1907, S. 256.

[3] Über das Alter der Kendeng-Schichten mit Pithecanthropus. Neues Jahrb. f. Mineral., Geol., Paläont., Beilagebd. XXV, S. 648.

jungdiluviales Alter dieser Fauna in der Schotterterrasse. Folglich auch für die Pithecanthropus-Schichten immer noch ein diluviales, wenn auch altdiluviales Alter. Natürlich wird Elbert die Identität beider Faunen noch zu erweisen haben.

Elbert hatte auch bereits eine Anzahl in den Trinilschichten gesammelter, fossiler, aber sehr schlecht erhaltener Pflanzen verwendet, um auf Grund deren die Ansicht auszusprechen, daß sie auf ein in damaliger Zeit kühleres Klima hinwiesen; weil nämlich ein Teil der Pflanzen aus Arten bestände, die heute nur noch in einer gewissen Meereshöhe leben.

In diesen Tagen ist nun von Schuster eine ausführliche Bearbeitung dieser Pflanzenreste veröffentlicht worden.[1] Zwar gelangt Schuster zu entgegengesetztem Ergebnis wie Elbert bezüglich des Standortes der Pflanzen, da diese nach ihm alle einer einzigen Gewächszone, dem immergrünen, gemischten Urwalde angehören. Aber er folgert auch, wie Elbert, auf damals niedrigere Temperatur und ebenfalls diluviales, jedoch altdiluviales Alter.

Allen diesen Einwürfen gegenüber hat nun E. Dubois das Folgende[2] geltend gemacht: Den von Martin bestimmten acht lebenden Mollusken gesellen sich noch etwa vier bisher unbestimmte nicht genügend erhalten gewesene zu. Unter diesen könnte sich immerhin eine oder die andere ausgestorbene Art befinden.

Außerdem hat in diesen tropischen Gegenden keine diluviale Kälteperiode geherrscht. Durch letztere fand folglich nur in anderen Gegenden eine Umprägung der pliocänen Fauna statt, nicht aber in den Tropen. Folglich kann hier auch eine pliocäne Fauna einen stärkeren Prozentsatz lebender Formen enthalten, als es anderswo der Fall ist. (Wogegen freilich Elbert aus Pflanzenresten doch auf ein kühleres Klima zur Pithecanthropus-Zeit schließen zu können glaubt.)

Für höheres Alter der Pithecanthropus führenden Schicht spricht dann weiter nach Dubois der Umstand, daß sie bereits aufgerichtet ist. (Was wiederum Elbert in seinem Werte als illusorisch hinstellt, indem er darauf hinweist, daß ja in jenen Gegenden gebirgsbildende Bewegungen noch in neuester Zeit stattgefunden haben.)

[1] Ein Beitrag zur Pithecanthropus-Frage. Die paläobotanischen Ergebnisse der Selenkaschen Trinilexpedition. Sitzungsberichte der mathemat.-physikal. Klasse der königl. bayer. Akad. der Wissensch., Bd. XXXIX, 1909.

[2] Das geologische Alter der Kendeng- oder Trinilfauna. Tijdschrift van het Koninklijk Nederlandsch Aardrijkskundig Genootschap, 1908, 2. Ser., Bd. XXV, Afl. 6, S. 1235—1270.

So stehen gegenwärtig die Meinungen gegeneinander. Die nächste Etappe wird nun die sein müssen, daß einerseits jene noch nicht bestimmten Mollusken und andererseits die mit Pithecanthropus vergesellschaftete Wirbel- besonders Säugetierfauna genau bearbeitet und auf ihr Alter hin geprüft werden. Diese Fauna bietet allerdings große Schwierigkeiten deswegen dar, weil sie in gewissen Punkten für pliocänes Alter, in vielen anderen wieder für diluviales spricht.

Da Andere jetzt in der Bearbeitung des von Frau Selenka gesammelten Säugetiermateriales, das sich in Berlin befindet, begriffen sind, E. Dubois selbst eine große Arbeit über seine noch bei weitem größere Sammlung herauszugeben gedenkt, so steht es mir nicht zu, mich weiter über diese Altersfrage auszulassen. Nur das eine glaube ich sagen zu dürfen:

Es scheint mir keineswegs sicher, daß mit der Bearbeitung des Wirbeltier-Materiales von Trinil die Altersfrage endgültig gelöst werden muß. Es wird vielmehr vielleicht noch weiter Umwege des Studiums der Faunen und der Lagerungsverhältnisse an anderen Orten bedürfen, bevor wir für die Trinil-Fauna zu einem Ergebnisse kommen, das als völlig gesichert gelten kann.

Ob dem so sein wird, das wird ja relativ bald durch die Publikationen sich zeigen.

Ich kehre jetzt zu der Frage zurück, welche zu der Frage nach dem Alter des Pithecanthropus und damit zu der obigen Abschweifung führte: Andere, sicher pliocäne Reste des Menschen oder einer ihm so nahestehenden Form wie Pithecanthropus sind bisher absolut (S. 24 f.) einwandsfrei noch nicht gefunden worden. Es war jedenfalls völlig berechtigt, wenn ich im Jahre 1901 gesagt habe, daß bei Absehen von dem, seinem Alter nach noch sehr strittigen Pithecanthropus, der diluviale Mensch einstweilen noch als „ahnenloser Parvenu, als wahrer Homo novus“ dastehe, im Gegensatze zu Wiederkäuern, Schweinen, Rhinoceronten, Pferden, Elefanten usw., von denen wir, auf Grund der vorhandenen Versteinerungen, also auf Grund fester Tatsachen, bereits mehr oder weniger tief in das Tertiär hinabreichende Stammbäume mit größerer oder geringerer Sicherheit aufstellen können.

Ich gebe zu, daß meine obigen scharf zugespitzten Worte bis an die Grenze gingen, die möglich war. Aber ich habe sie ganz absichtlich gewählt, um das, was wir tatsächlich wußten, ganz scharf zu kennzeichnen, gegenüber Behauptungen, wie sie Haeckel noch heute druckt, daß wir heute schon alle die **fossilen** „wichtigen Zwischenglieder haben, welche eine zusammenhängende Ahnenkette von den ältesten Halbaffen bis znm Menschen hinauf darstellen.“[1]

Man muß ungemein anspruchslos sein in bezug auf die Gründlichkeit wissenschaftlicher **Beweise,** wenn man sich das glaubhaft machen will. Was Haeckel mit obigen Worten meint ist völlig klar; er meint: „Es müssen notwendig Vorfahren des Menschen in tertiärer Zeit vorhanden gewesen sein.“ Kein zoologisch denkender Naturforscher wird diese Forderung des gesunden Menschenverstandes verneinen. Was Haeckel aber sagt, ist ein völlig anderes: „daß wir die ganze fossile Ahnenreihe bereits kennen.“ Das ist Phantasie. Ich werde gleich die kümmerlichen Reste aufführen, die wir von fossilen Anthropomorphen bisher kennen (S. 61). Von einer tatsächlich schon bekannten, zusammenhängenden fossilen Ahnenkette des Menschen ist gar keine Rede. Ich komme S. 64 darauf zurück, nachdem ich die tatsächlich bekannten fossilen Anthropomorphen-Reste aufgezählt haben werde, damit der Leser sich selbst ein Bild von der Armseligkeit derselben machen kann. Wie treffend ist doch das Wort A. Rutots:

„Leider sind in der Wissenschaft die Dinge so, wie sie sind, und nicht, wie man wünscht, daß sie seien.“[2]

Ich wandte mich aber selbstverständlich nur gegen die Aussage, daß eine zusammenhängende fossile Ahnenreihe uns jetzt bereits sicher bekannt sei; daß Ahnen an und für sich vorhanden gewesen sein müssen, ist ebenso selbstverständlich. Als ich daher jene oben erwähnten Worte gebrauchte, setzte ich voraus, daß jedermann so viel Kenntnis des Sprachgebrauches haben würde, um zu wissen, daß ein „ahnenloser Parvenu, ein wahrer Homo novus“ einen Menschen bezeichnet, dessen Vorfahren **unbekannte** Leute gewesen sind; nicht aber einen solchen, der **überhaupt keine** Vorfahren gehabt hat, d. h. plötzlich aus nichts geschaffen ist. So selbstverständlich das ist, es hat sich doch als notwendig herausgestellt, das hier zu betonen.

[1] Haeckel, Welträtsel, S. 44, Volksausgabe.

[2] Les aspects nouveaux de la Préhistoire. Bull. Acad. Roy. de Belgique, 1906, Bruxelles, S. 937.

VIII. Fossile Reste von Anthropomorphen.

Nachdem Abel 1903 noch eine neue Gattung von Menschenaffen, Griphopithecus, kennen gelehrt hat,[1] ist die Zahl der fossilen bisher bekannten Menschenaffen jetzt auf 8 bzw. 9 gestiegen.

1. Anthropodus de Lapouge, 2. Dryopithecus Lartet, 3. Griphopithecus Abel, 4. Neopithecus Abel = Anthropodus Schlosser, 5. Palaeopithecus Lydekker, 6. Pliopithecus Gervais. Dazu kämen dann event. 7. Pliohylobates E. Dubois und 8. der auch in seiner systematischen Stellung so umstrittene Pithecanthropus E. Dubois hinzu. Endlich noch eine ganz neue Form, 9. Propliopithecus Schlosser, von der ich soeben noch Kunde erhalte.

Von diesen sind zwei asiatisch: Pithecanthropus von Java und Palaeopithecus aus den Sivaliks. Dieser letztere soll nach Schlosser identisch sein mit dem lebenden Schimpanse. Wir kennen aber nur einen Oberkiefer von ihm. Seine stark abgekauten, also mangelhaft vergleichbaren Molaren ähneln auch denen des Menschen. Die Breite seines knöchernen Gaumens ist jedoch ähnlich gering wie bei Dryopithecus, der ihn darin noch übertrifft; so daß diese beiden Formen mit so menschenähnlichen Molaren, die eine aus Asien, die andere aus Europa, in der langgestreckten Gestaltung ihrer Zahnreihe, also der Schmalheit der Kiefer (sowie in der Stärke des C bei Dryopithecus), sehr stark vom Menschen abweichen.

Die sechs anderen sind europäisch. Von diesen sind drei, Anthropodus de Lapouge, Griphopithecus und Neopithecus Abel = Anthropodus Schlosser, nur aus so sehr winzigen Resten bekannt, daß man bezüglich ihrer Verwandtschaften wenig folgern kann.

Etwas relativ reicheres Material ist nur von den europäischen Formen und hier bisher nur von Dryo- und Pliopithecus vorhanden.

Pliopithecus ist dem Anschein nach entweder ein Vorfahr oder doch ein naher Verwandter des heutigen Gibbon.

Von Dryopithecus wird man, trotz der dem Gibbon nahestehenden Zähne, dann nicht das gleiche sagen können, wenn wirklich ein ihm zugeschriebener Humerus zu dieser Gattung gehört, da derselbe eher an Schimpanse erinnern könnte, als an Gibbon.

[1] O. Abel, Zwei neue Menschenaffen aus den Leithakalkbildungen des Wiener Beckens. Centralblatt f. Mineral., Geol., Paläontol., 1903, S. 176—182, 2 Textfig., Griphopithecus Suessi n. g. n. sp. und Dryopithecus n. sp.

Beide, Plio- wie Dryopithecus, haben eine ziemlich weite Verbreitung, von beiden sind Ober- und Unterkieferzähne bekannt; von Pliopithecus auch die Ober- und Unterkiefer, von Dryopithecus bisher nur Unterkiefer; auch wird ihm der oben erwähnte Humerus von manchen zugeschrieben.

Ein Femur, das bei Eppelsheim weit entfernt von den Zähnen gefunden wurde, ist in seiner Zugehörigkeit[1] zu Dryopithecus entschieden nicht sicher. Es scheint daher vorsichtiger, dieses Femur, wie E. Dubois will, einstweilen als Pliohylobates zu bezeichnen. Gleichviel indessen, ob man dem Humerus und Femur diesen oder jenen Namen gibt, die Hauptsache ist doch, daß wir diese beiden Knochen gefunden haben, die zu Anthropomorphen gehören. Leider aber ist damit noch nichts Sicheres über die so wichtige Frage der relativen Länge der Arme zu der der Beine und des ganzen Körpers bekannt.

Eine Gattung endlich ist afrikanisch, Propliopithecus Schlosser.

Ich fasse nun das Dargelegte in einer Übersicht zusammen, um so das überaus Spärliche unserer bisherigen Kenntnisse bzw. der fossilen Anthropomorphen klarer vor Augen zu führen.

I. Nur durch je einen einzelnen Zahn sind bekannt vier Gattungen:

1. Neopithecus Brancoi Abel sp. = Anthropodus Schl. (M. inf.);
2. Dryopithecus Darwini Abel (M. inf.);
3. Gryphopithecus Suessi Abel (M^1 oder ^{2} sup.);
4. Anthropodus de Lapouge (J^2 sup. und ein Jugale).

II. Nur durch einen Oberkiefer mit stark abgekauten Zähnen ist bekannt eine Gattung:

5. Palaeopithecus sivalensis Lyd. = Troglodytes (Schimpanse) Schlosser.

III. Nur durch ein Femur ist bekannt eine Gattung:

6. Pliohylobatus rhenanus Dub. sp. (= Dryopithecus?). (Das Femur ist gerade, schlank, relativ klein, gibbonähnlich.) Vielleicht ist diese Gattung zu streichen und das Femur zu Dryopithecus zu stellen.

[1] Vgl. Ausführlicheres darüber in W. Branca, Die menschlichen Zähne aus dem Bohnerz der schwäbischen Alb, Teil I, S. 4—16, Jahreshefte des Vereins f. vaterländ. Naturk. in Württemberg 1898.

IV. Durch einen bezahnten Unterkiefer bekannt ist eine Gattung:

7. Propliopithecus Schlosser.

V. Durch mehrere Ober- bzw. Unterkiefer und eine Anzahl loser Zähne sind bekannt zwei Gattungen, davon eine auch noch durch einen Humerus:

8. Dryopithecus Fontani Lartet. (Der Humerus ist relativ kurz, dick und groß, nach Schwalbe[1] eher schimpanseähnlich.) Ziemlich große Form;
9. Pliopithecus antiquus Gew. (Kleine Form, dem Gibbon nahestehend.)

VI. Durch ein Femur, einige Zähne und eine Schädeldecke ist bekannt eine Gattung:

10. Pithecanthropus erectus Dubois.

In letzter Stunde konnte ich oben noch die bisher freilich nur kurze Nachricht von dem Funde eines Unterkiefers eines fossilen Menschenaffen in Afrika hinzufügen, der sich unter dem Materiale befindet, das E. Fraas für das Stuttgarter Naturalienkabinett hat sammeln lassen. Er stammt aus[2] dem fluviomarinen Oligocän Ägyptens. Schlosser benennt ihn als Propliopithecus Haeckeli g. n. sp. n. Die Bezahnung besteht aus 2 J 1 C 2 P 3 M. „Abgesehen von der geringen Größe, der schwachen Entwicklung des C und der Kleinheit, Kürze und Einfachheit der P. bereits ein echter Pliopithecus. Der aufsteigende Kieferast hat einen sehr hohen Kronfortsatz, und sein Vorderrand erhebt sich in nahezu vertikaler Richtung. Propliopithecus steht in der Größe zwischen Chrysothrix und Cebus. In phylogenetischer Hinsicht kommt dieser neuen Gattung zweifellos eine ungemein hohe Bedeutung zu, denn sie ist nicht nur der Ahne aller Simiiden, sondern vermutlich auch der Hominiden."

Diese neue Gattung schließt sich an den auf S. 61 unter 6 aufgeführten Pliopithecus an.

Es handelt sich hier um eine winzig kleine Anthropomorphenform, etwa so groß wie eine kleine Katze. Ich habe schon an andrer Stelle betont, daß Kollmanns Ansicht, die Menschheit habe mit

[1] G. Schwalbe, Über fossile Primaten. Philomatische Gesellschaft in Elsaß-Lothringen, Bd. 4, Jahrg. 16 (1908), Straßburg i. E., 1909, S. 45—61.

[2] M. Schlosser, Über einige fossile Säugetiere aus dem Oligocän von Ägypten. Zoologischer Anzeiger 1910, S. 500—508.

Zwergformen, mit Pygmäen, begonnen, sich auf nicht wenige paläontologische Analogien zu stützen vermag. Propliopithecus würde somit in seiner winzigen Größe der schlagendste Beweis für Kollmanns Ansicht sein — wenn er wirklich der Stammvater aller echten Affen und der Menschen sein sollte. Aber allein aus einem bezahnten Unterkiefer einen so gewaltig folgenschweren Schluß ziehen zu wollen, würde mir als nicht genügend begründet erscheinen. Das ist dann mehr Sache der Phantasie.

IX. Tertiäre Vorfahren des Menschen.

Wer diese Armseligkeit der bisher bekannten Reste der fossilen Anthropomorphen überschaut, wird, selbst wenn er Laie ist, ohne weiteres die Überzeugung gewinnen, daß gar keine Rede davon sein kann, daß sie uns den Beweis **„einer zusammenhängenden Ahnenkette“** des Menschen (S. 60) liefern. Aber dazu kommt noch ein weiteres: Müssen denn notwendig gerade in diesen Resten uns bereits die tertiären nächsten Ahnen des Menschen vorliegen? Wer gibt uns denn die Sicherheit, daß dem so sei? Es ist doch sehr leicht möglich, daß wir diese Vorfahren erst später finden werden; und es ist sogar nicht ganz unmöglich, daß wir sie niemals finden werden, weil sie vielleicht in der Tiefe begraben liegen, unter starker Schichtenbedeckung, oder unter dem Meeresspiegel, oder unter Eis. Ich komme darauf noch zurück. Die Möglichkeit, daß die nächsten tertiären tierischen Vorfahren des Menschen an ganz anderen Orten gelebt haben, als an denen, an welchen man die bisher bekannten fossilen anthropomorphen Reste fand, ist keineswegs gering, sie ist vielleicht sogar sehr groß.

Einerseits boten die nordpolaren Gebiete in der ersten Hälfte der Tertiärzeit ein so warmes Klima dar, daß dort jene Vorfahren des Menschen sehr wohl unter Eis verborgen liegen könnten. Daß der Mensch möglicherweise von polaren Gebieten her gekommen sein könne, ist ja längst ausgesprochen worden.

Anderseits leben Gorilla und Schimpanse in Afrika, woraus Darwin und Stromer von Reichenbach den Schluß zogen, daß die Urheimat des Menschen in diesem Erdteil zu suchen sei.

Dritterseits will Ameghino den Menschen in Südamerika entstanden sein lassen und schreibt Lehmann-Nitsche (S. 24 f.) über einen tertiären Atlas von daher.

Vierterseits hat man an Australien zu denken, bzw. auch an die Länder, welche einst einen mit Australien zusammenhängenden Kontinent bildeten. Es ist das gewiß auch ein Gedanke, der heute nicht einfach beiseite zu schieben ist. Die nahen, jetzt von Klaatsch so hervorgehobenen Beziehungen der europäischen diluvialen Schädelreste vom Neandertal-Typus zu den Schädeln noch heute lebender Australier sind jedenfalls überraschend. Schon 1901 hat Schoetensack die Gründe dargelegt, die dafür sprechen, daß Australien der Ausgangspunkt eines gewissen Stadiums des Menschen sein könnte.[1] Pithecanthropus stammt, wie er dabei betont, von dem nahegelegenen Java, und die heutigen Menschenaffen leben gleichfalls, abgesehen von Afrika, auf Java und Borneo.

Ebenso hat dann Klaatsch,[2] wenn auch in etwas anderer, durch seine Studien in Australien gestützter Weise sich ausgesprochen dahin, daß der Grundstock der Urbevölkerung, welchen Australien vom Ursitz der Menschheit erhielt, sich bereits in einem primitiven Stadium der Rassenbildung befunden haben könne. Das wäre Ähnliches, aber auch hier wäre dann Australien nicht der älteste Ausgangspunkt.

Auch Gaudry hat die Frage aufgeworfen, ob jener ehemalige große Kontinent, dem Patagonien, Australien usw. angehörten, nicht die Heimat des Menschen gewesen sein könne.[3]

Freilich, auf die angeblich tertiären und angeblich menschlichen Fußspuren von Warnambool wird man das nicht begründen können.[4]

Klaatsch[5] hat diese Spuren aus dem Sandstein von Warnambool für sicher menschlichen Ursprunges erklärt. Ich habe mich schon früher darüber ausgesprochen, aber mich wesentlich vorsichtiger fassen zu müssen gemeint, indem ich sagte:[6] „Die Fußspuren haben eine

[1] O. Schoetensack, Die Bedeutung Australiens für die Heranbildung des Menschen aus einer niederen Form. Zeitschr. f. Ethnol., 1901, Bd. XXIII, S. 117.

[2] Klaatsch, Ergebnisse meiner australischen Reise. Correspondenzbl. d. deutsch. Gesellsch. f. Anthropol., Ethnol. u. Urgesch., 1907, Jahrg. 38, S. 92.

[3] Contribution à l'histoire des hommes fossiles. L'Anthropologie, Paris 1903, Bd. XIV, S. 2.

[4] Höchst bemerkenswert ist die Feststellung, welche Klaatsch machte, daß ein von ihm untersuchter Australierschädel noch inferiorer in bezug auf die Entfaltung der vorderen Hirnpartie ist, als der Neandertaler; so daß der heute lebende Australier „in mancher Beziehung einen präneandertaloiden Zustand fortführt" (Correspondenzbl. d. deutsch. Gesellsch. f. Anthropol., Ethnol. u. Urgesch., 1907, S. 86), d. h. also noch näher an Pithecanthropus herangeht als der Neandertaler.

[5] Zeitschr. f. Ethnol., 1908, Jahrg. 38, S. 782.

[6] W. Branca, Die fraglichen fossilen menschlichen Fußspuren im Sandstein von Warnambool. Zeitschr. f. Ethnol., 1905, S. 162—172, 2 Textfig.

Stellung und eine Form, die weder bei der Setz- noch bei der Hockerstellung möglich ist, wenn sie auch menschlichen sehr ähnlich sind. Die Deutung des angeblichen Gesäßeindruckes als eines solchen des Menschen ist jedenfalls nicht gerechtfertigt."

Wie sehr berechtigt auch diese Vorsicht von mir war, geht aus dem hervor, was Nötling jetzt darlegt.[1] Er hat nämlich in Tasmanien in einer abgelegenen Gegend Spuren unbekleideter, sehr menschenähnlicher Füße im Schnee gefunden, in dem natürlich kein Mensch ohne Bekleidung der Füße gewandert sein würde. Diese Spuren erwiesen sich zweifellos als die von hüpfenden Känguruhs, und Nötling hat vielleicht die richtige, einleuchtende Lösung gefunden, daß die angeblichen Menschenspuren im Sandstein von Warnambool, die ganz ähnlich wie jene im Schnee aussehen, ebenfalls von einem Känguruh herrühren. Der angebliche Abdruck des Gesäßes eines Menschen aber, den Klaatsch als solchen deutet, wäre nach Nötling der Abdruck, welcher durch das Sitzen des Känguruhs hervorgerufen wäre.

Auf solche Weise würde sich die auffallende Schmalheit der Spuren von Warnambool, welche ich[2] als verdächtig hervorgehoben habe, erklären.

Es ist übrigens ein Irrtum dieser beiden Autoren, daß dies das einzige Exemplar einer solchen Fußspur bei Warnambool gewesen sei. In meiner Arbeit[3], die sich auf die betreffende australische Literatur stützt, ist zu ersehen, daß der Sandstein von vielen ebensolchen Fußspuren bedeckt gewesen ist, wenn auch nur eine derselben geborgen wurde.

Völlig unsicher ist das tertiäre Alter des Sandsteins, in dem sich diese Spuren finden.[4]

Von andern „tertiären" Menschenfußspuren gilt, wie ich an andrer Stelle gezeigt habe, in noch höherem Maße, daß sie unecht sind. Insofern nämlich, als sie nicht einmal fossile Fußeindrücke, sondern nur Kunstprodukte sind.[5]

Sehen wir also von diesen Fußspuren gänzlich ab, so finden wir nicht weniger als vier verschiedene Gebiete, in denen man die

[1] Centralblatt des Neuen Jahrb. f. Mineral., Geol., Paläonthol., 1907, S. 498 bis 502, 2 Textfig.

[2] a. a. O. S. 166 u. 168.

[3] a. a. O. S. 163.

[4] a. a. O. S. 169.

[5] W. Branca, Fragliche Reste und Fußspuren des tertiären Menschen. Zeitschr. der deutsch. geolog. Gesellsch., 1904, S. 97—132, 6 Textfig.

Heimat des Menschengeschlechtes gesucht hat, in denen also unsere tertiären, nächsten tierischen Vorfahren in den Schichten möglicherweise begraben liegen können. Diejenigen nun, welche den Dryopithecus (S. 61, 63) als Vorfahr des Menschen betrachten, fügen damit ein fünftes Gebiet, Europa, hinzu; denn dort hat dieser fossile Anthropomorphe in ziemlich weiter Verbreitung gelebt. Wo ist nun das richtige Gebiet? Oder gibt es gar deren zwei? (S. 43.)

Wegen seiner so sehr menschenähnlichen Zähne hat man anfänglich sehr stark an Dryopithecus gedacht. Aber das Auffinden des Unterkiefers, der so stark von dem des Menschen abweicht, hat diese Ansicht zerstört. Schwalbe möchte ihn noch nicht ganz fallen lassen. Er spricht sich aber doch nur[1] in überaus vorsichtiger, das Unsichere betonender Weise ungefähr so aus: „Die älteste Form der fossilen Anthropomorphen, Dryopithecus, schließt die Möglichkeit nicht aus, am Anfang der von den Anthropomorphen zum Menschen führenden Entwicklungsreihe stehen zu können. Die weite Kluft zwischen diesem Dryopithecus und dem Menschen ist jedoch noch nicht überbrückt."

Pithecanthropus wäre, wenn pliocänen Alters, natürlich die gegebene Form, um vom diluvialen Menschen des inferioren Schädeltypus aus nach abwärts ins Tierische hinab in den Stammbaum zu steigen. Aber sein pliocänes Alter ist heute noch viel bestrittener, als das im Jahre 1901 zur Zeit meines damaligen Vortrages war. Wir müssen also, mindestens bis auf weiteres, von ihm absehen, wenn[2] direkte tertiäre Vorfahren des Menschen namhaft gemacht werden. Wir haben ja zudem noch keinen Begriff davon, ob seine Arme noch affenhaft lang oder schon menschlich kurz waren.

Wir wissen mithin über die tertiären, nächsten tierischen Formen unserer Vorfahren bisher noch nichts Sicheres. Aber wenn wir spekulativ uns eine Vorstellung machen wollen von dem ungefähren Aussehen unserer Ahnen, dann kann logisch kein anderes

[1] a. a. O. S. 54. Ferner: Die Vorgeschichte des Menschen. Braunschweig 1904, S. 27.

[2] W. Volz (Über das geologische Alter des Pithecanthropus. Globus 1907, Bd. XCII, Nr. 22, 2 Seiten), der die Schichten mit Pithecanthropus als wahrscheinlich mitteldiluvial, jedenfalls nicht älter als altdiluvial erklärt, sagt: „Sein recht jugendliches Alter warnt vor gar zu spekulativer Betrachtung"; man kann „unmöglich daran zweifeln, daß sie (P. und der Mensch) gleichzeitig nebeneinander gelebt haben." „In den Stammbaum des Menschengeschlechts gehört der Pithecanthropus also nicht." „Wir müssen ihn als einen mißlungenen Versuch zur Menschwerdung betrachten."

Bild erstehen als ein solches, das uns ähnlich, aber ins Tierische verzerrt ist; und das ist ganz ungefähr das Bild eines Anthropomorphen.[1] Jedoch, und darin liegt eben die Schwierigkeit, mit kürzeren Armen.

Ich betone ausdrücklich, daß ich hier stets nur von den nächsten, d. h. von den zunächst an den Menschen nach abwärts, tierwärts sich anschließenden fossilen Ahnen gesprochen habe. Denn diese sind es doch, mit denen wir die Kette beginnen müssen, weil nur sie uns weiter und weiter abwärts zu führen vermögen bis hin zu der richtigen nächstniederen Stufe, die vielleicht unter den bisher bekannten fossilen Halbaffen, vielleicht aber auch unter andern Formen zu suchen ist. Das kann vorderhand niemand mit Sicherheit angeben.

Wer von unten herauf diese Kette beginnen will, wer den Stammbaum des Menschen mit den, allerdings ziemlich zahlreich vorhandenen fossilen Lemuren und Verwandten beginnen will, ohne dann doch nach oben hin gerade die wichtigsten, weil beweisenden Glieder der Kette fossil nachweisen zu können, der baut auf völlig schwankendem Grunde einen Stammbaum für den Menschen auf. Nur von oben nach unten hinab läßt sich dieser begründen und beweisen, indem man von Menschen nach abwärts gehend die Beweise erbringt und dann zusieht, zu welchen niederen Formen uns diese Kette führt.

Spekulativ kann man natürlich auch von unten herauf gehen; aber das sind dann eben Träume, die in der Luft schweben, nicht aber Beweise, nicht aber Wirklichkeit.

X. Spuren der Tätigkeit eines tertiären Menschen? Eolithe.

Tatsächlich haben wir, bis jetzt wenigstens, in Europa keinen einzigen sicher tertiären Knochen eines sicheren Vorfahren des diluvialen Menschen gefunden. Wohl aber sind vermeintliche Spuren der Tätigkeit solcher Vorfahren, in Gestalt der Eolithe, von nicht wenigen Stellen des westlichen Europa namhaft gemacht worden; und nicht nur aus plio-, sondern auch aus mio- und selbst oligocänen

[1] Schwalbe tritt in einer neuesten Abhandlung über Darwins Werk: Die Abstammung des Menschen. Zeitschr. f. Morphol. u. Anthropol., Stuttgart 1909, S. 468, denn auch mit Entschiedenheit dafür ein, daß jeder Versuch, den Menschen ohne Berücksichtigung von Affen als Zwischenform direkt von niederen Urformen abzuleiten, ad absurdum führe.

Schichten. Es ist allgemein bekannt, daß A. Rutot in Brüssel der unermüdliche Vorkämpfer für die Echtheit einer solchen Deutung ist, für die er in zahlreichsten Arbeiten immer aufs neue Beweise zu erbringen sucht. Die Sachlage ist die folgende:

Zweifellos ist daß, wenn man theoretisch die primitivsten Werkzeuge sich vorstellen sollte, welche für älteste, im Beginn der Menschwerdung stehende Lebewesen denkbar wären, man nur auf ebensolche Dinge verfallen konnte wie diese Eolithe es sind: Also auf Steine, die zufällig von der Natur so geformt waren, daß sie eine Art von Handgriff zum Festhalten des Steines und ein unteres, oft dickeres Ende zum Schlagen usw. mit demselben besitzen.

Zweifellos ist ferner, daß unter den tertiären Eolithen sich solche finden, die absolut nicht zu unterscheiden sind von gewissen primitivsten Steinwerkzeugen, diluvialen und jüngeren, die tatsächlich vom Menschen gebraucht worden sind.[1]

Das sind Gründe, die uns veranlassen müssen, nicht Mühe und Kosten zu scheuen, weiterhin in tertiären Schichten danach zu suchen.

Sicher ist aber auf der anderen Seite, daß die Natur, durch Fortbewegung solcher Gesteinsstücke von oben erwähnter Gestalt, dieselben aneinanderstoßen und — da es sich stets um leicht splitternde Feuersteine handelt — dabei absplittern kann, so daß ähnliche (unten S. 79) Verletzungen an diesen Gesteinen entstehen, wie sie durch Gebrauch der Steine seitens des Menschen entstehen würden.

Sicher ist ferner, daß während jenes ungeheuren, so und so viele Hunderttausende von Jahren umfassenden Zeitraumes vom Oligocän bis an das Diluvium heran die Eolithe dieselbe Gestalt unverändert beibehalten haben; so daß man, wenn sie wirklich gebraucht sein sollten, schier an der Entwicklungsfähigkeit des Gehirnes dieser Wesen vollständig verzweifeln möchte.

Sicher ist endlich, daß diese Eolithe nicht an einzelnen Stellen konzentriert vorkommen, wie das bei den zweifellosen menschlichen Werkzeugen darum der Fall ist, weil der Mensch an solchen Stellen sich längere Zeit aufgehalten hat; sondern daß sie über weite Flächen ausgebreitet liegen — was man allerdings dadurch zu erklären sucht, daß diese Steine in Masse immer wieder an einem neuen Orte zur

[1] von Koken (Diluvialstudien, Neues Jahrb. f. Mineral., Geol., Paläontol. 1909, Bd. II, S. 57—90, Taf. 10—12) stellte neuerdings fest, daß unter den braunschweigischen Eolithen ganz dieselben Formen sich finden, wie in Belgien; und daß sie in Braunschweig zusammen mit paläolithischen, also geschlagenen, folglich absolut sicher vom Menschen benutzten ältesten Werkzeugen vorkommen, was doch sehr wichtig ist.

Verfügung standen, man also nicht sparsam mit ihnen umzugehen brauchte, sondern sie achtlos fortwarf, sobald man ihrer nicht mehr bedurfte.

Man sieht, dem Für steht immer noch ein Wider gegenüber. Allerdings tritt dem Für unterstützend zur Seite die logische Notwendigkeit eines tertiären Menschen. Indessen diese tertiären Vorfahren brauchen ja, wie schon oben (S. 64) gesagt, nicht notwendig in Europa, und noch weniger speziell im Westen dieses Erdteiles gelebt zu haben.

So erklärt es sich, daß die Ansichten noch geteilt sind, daß manche durchaus Rutot zustimmen, wie G. Steinmann,[1] manche unschlüssig, andere sogar ganz abweisend, wie neuerdings Hoernes, sich verhalten.[2] Wenn freilich auch mit Spott dagegen angekämpft worden ist, wie das de Lapparent getan hat, indem er die Sache als ungeheuer lächerlich, „sous un immense éclat de rire" dahinschwindend erklärt hat,[3] so wird man ein solches Verfahren wahrlich nicht als dem Ernste der Wissenschaft entsprechend gelten lassen dürfen. Wenn ein Mann, wie A. Rutot, seine ganze Arbeitskraft, sein ganzes wissenschaftliches Leben der Erforschung einer wissenschaftlichen Frage weiht, wenn er überdies, wie in diesem Falle, darauf hinweisen kann, daß im vorigen Jahrhundert Boucher de Perthes mehrere Jahrzehnte lang ganz ebenso hat kämpfen müssen, um endlich Anerkennung zu erringen für die Wahrheit, daß der Mensch diluvialen Alters sei, die heute jedermann als unumstößlich sicher kennt — dann hat solch ein Mann wohl das volle Recht, ernst genommen, nicht aber mit Spott behandelt zu werden.

Ich selbst stehe jetzt aus obengenannten Gründen noch abwartend der Frage der Eolithe gegenüber, die mich anfänglich darum gefangen genommen hatte, weil die tertiären Vorfahren des Menschen so sehr eine Forderung des gesunden Menschenverstandes sind. Aber ich glaube, man darf Rutot nur in hohem Maße dankbar sein, wenn er unverdrossen weiteres Beobachtungsmaterial zusammenträgt, das die Sache immer weiter klären muß. Daher meine ich, es ihm schuldig zu sein, wenn ich hier die Gründe wiedergebe, die er[4]

[1] Sitzung des Niederrhein. geol. Vereins in Marburg 30. Nov. 1909.

[2] Über Eolithe. Mitteilungen des naturwiss. Vereins f. Steiermark. Graz 1909, S. 372—402.

[3] A. Rutot, Éolithes et Pseudo-Éolithes. Société d'Anthropologie de Bruxelles. Bruxelles 1906, Bd. XXV, S. 43, Anm. 1.

[4] A. Rutot, Les aspects nouveaux de la Préhistoire en 1906. Bulletin Ac. roy. de Belgique. Bruxelles 1906, S. 931, 932.

gegen die Richtigkeit der Behauptung geltend macht, daß die Natur mit Hilfe des Wassers bzw. Eises ganz ebensolche Eolithe erzeuge wie die, welche er und andere für von menschlichen Vorfahren gebrauchte, also echte Eolithe erklären[1]:

Einmal, so sagt Rutot, hat er die bekannten künstlichen Eolithe untersucht, welche in der Zementfabrik in Mantes zufällig entstanden waren. Hier zeigte sich, daß kaum 5% aller Gesteinsstücke zu solchen Pseudo-Eolithen geworden waren. Er gibt zwar zu, daß diese zum Teil gewissen echten Eolithen ähnlich sind; aber sie unterscheiden sich — und das erscheint recht einleuchtend, weil notwendig — dennoch von diesen dadurch, daß an ihnen stets deutliche Spuren der Abrollung und der Schrammung und Kritzung[2] auftreten, welche den echten fehlen.

Zweitens aber haben Munck und Ghilain, so macht Rutot geltend, das Schicksal von Eolithen studiert, die vom Wasser transportiert worden sind. Die auf dem Plateau von Hautes-Fagnes an der Oberfläche liegenden Eolithe, die nach Rutot vom pliocänen Menschen fortgeworfen sind, werden nämlich von den, diesem Plateau entspringenden Wasserläufen talabwärts verfrachtet. Bereits nachdem sie den kurzen Weg von 2—3 km mit anderen Steinen zusammen zurückgelegt haben, ist ihre Eolithen-Natur überhaupt verschwunden, weil sie abgerollt sind.

Rutot folgert daher: Das Auftreten von Pseudo-Eolithen ist ein ephemeres, eine schnell verschwindende Phase; wogegen echte Eolithe unverändert bleiben, falls die Natur sie nicht etwa weiter transportiert. Im letzteren Falle verändern sie sich natürlich auch; und wenn dann ein Gegner der Eolithe solche Stücke mit Zeichen von Abrollung findet, dann wird er durch diese Zeichen zu dem irrtümlichen Schlusse geführt, daß auch die Absplitterungen an ihnen nur durch den Transport hervorgerufen seien. Darin liege hier die Quelle des Irrtumes. Die Absplitterungen seien, zum Teil wenigstens, das Ältere, durch den Gebrauch vom Menschen Gemachte; die Abrollung und Kritzung seien das Jüngere, später vom Wasser Gemachte.

Endlich sind Pseudo-Eolithe nach Rutot im allgemeinen merklich kleiner als echte und ihre Absplitterungen treten an ganz unbestimmten, beliebigen Stellen auf, während sie an echten Eolithen

[1] A. Rutot, Éolithes et Pseudo-Éolithes. Mémoires Soc. d'Anthropologie de Bruxelles. Bruxelles 1906, Bd. XXV, S. 1—45.

[2] Hervorgerufen durch das starke Geschleudertwerden.

nur an den Stellen erscheinen, an welchen das Werkzeug gebraucht worden ist.

Man sieht, daß Rutot nicht ungewichtige Gründe hat, welche ihn auf seiner Meinung verharren lassen.

XI. Bedeutung von Pithecanthropus auch bei diluvialem Alter.

Wenn wir von dem niederen, von dem Neandertaler Schädeltypus des Menschen aus in unserer Vorstellung nach abwärts in das Tierische steigen, so kennen wir bisher keinen anderen fossilen Rest, der in solchem Maße das nächste Glied nach abwärts sein könnte, den man also als tertiären direkten[1] Vorfahren des diluvialen Menschen betrachten könnte, als Pithecanthropus.

Wir haben indessen gesehen, wie überaus zweifelhaft und umstritten das tertiäre Alter von Pithecanthropus ist. Es ist daher auch überaus zweifelhaft, ob dieser als tertiärer Vorfahr des diluvialen Menschen angesehen werden darf; und es ist völlig unzulässig, ihn trotzdem jetzt schon mit Sicherheit als einen solchen zu erklären.

Es ist zudem, selbst wenn er wirklich tertiäres Alter besäße, eben so möglich, daß er, ganz wie die anderen anthropomorphen Affen, nur einem Seitenzweige des Menschengeschlechtes angehören könnte, der trotz seiner Annäherung im Schädelbau an das letztere absolut nicht in der Ahnenreihe des Menschen stände. Wenn beispielsweise seine, uns ja unbekannten, Arme typisch lange Gibbonarme sein sollten, so wäre es ganz undenkbar, daß diese sich in die kurzen Menschenarme zurückgebildet haben sollten; zumal in der kurzen Spanne Frist, die das jüngste Tertiär von dem alten Diluvium trennt (S. 53).

Anders läge die Sache, wenn sich durch weitere Erfunde zeigen würde, daß Pithecanthropus menschlich kurze Arme gehabt haben sollte. In diesem Falle würde die Möglichkeit, daß wir in ihm — bzw. in seinen tertiären Vorfahren, wenn er quartären Alters ist — einen direkten Ahnen des Menschen vor uns haben könnten, ganz wesentliche Unterstützung erfahren.

[1] „Direkter", damit meine ich also eine Form, die der direkte Vorfahr des diluvialen Menschen, speziell des vom niederen Schädeltypus gewesen sein könnte. Im Gegensatz zu irgendwelchen fern stehenden Vorfahren aus älterer tertiärer Zeit, über die doch nur Vermutungen aufstellbar sind (S. 68).

Aber auch die Kenntnis des Zahnbogens, also der Krümmung der Zahnreihe bzw. des Kiefers, wäre eine notwendige Vorbedingung, wenn man sich über die Natur, die systematische Stellung von Pithecanthropus ganz klar werden wollte. In Fig. 10—13 (S. 27—31) ist dieser Verlauf des Zahnbogens bei lebenden wie fossilen Menschen wie beim Schimpanse dargestellt. Fig. 12 zeigt, wie der beim Europäer schön bogenförmige Verlauf der Zahnreihe beim Australier, der dem Neandertaler Typus angehört, bereits winklig zu werden beginnt.

Aber trotzdem besteht noch ein weiter Unterschied gegenüber dem Menschenaffen, wie Fig. 13 (S. 31) ihn zeigt, wo alles Bogenförmige verschwunden und an dessen Stelle das Rechteckige getreten ist.

Wenn Pithecanthropus ein echtes Bindeglied, ein direkter Vorfahr des Menschen war, so müßte man bei der dann so *nahen* Verwandtschaft mit dem Menschen, bereits ein Abweichen von dem Tierisch-Rechteckigen und ein Hinneigen zum Bogenförmigen erwarten. Ein rein rechteckiger Verlauf der Zahnreihe dagegen würde für einen reinen Anthropomorphen sprechen. Wir wissen aber auch darüber gar nichts.

Selbst wenn nun aber Pithecanthropus quartären Alters gewesen sein und selbst wenn er lange Arme und rechteckigen Verlauf der Zahnreihe gehabt haben sollte, so wäre es doch weit gefehlt, wenn man ihn damit als seiner hohen Bedeutung beraubt ansehen wollte. Die Schädelform bleibt ja bestehen.

So lange bis später einmal neue Erfunde noch Wichtigeres über dem Menschen Ähnliches bringen, wird Pithecanthropus das interessanteste und wichtigste der Fossile sein; und wird dem, der es bei seinen systematischen Nachgrabungen entdeckte, Eugen Dubois, das ungeschmälerte Verdienst bleiben, es ans Tageslicht gezogen und zu unserer Kenntnis gebracht zu haben. Ich sage, das interessanteste und wichtigste. Zwar mögen an und für sich die diluvialen Menschenschädel des niederen Typus interessanter erscheinen können. Aber da, wie Macnamara und Klaatsch zeigten (S. 44), dieser Typus noch heute lebt und dem Homo sapiens angehört, während Pithecanthropus ausgestorben ist und noch weiter in das Tierische hinabreicht, als jene, so wird man seine Wichtigkeit höher einschätzen müssen.

Das große Verdienst E. Dubois' kann somit keineswegs geschmälert werden für den Fall, daß sich später als sicher herausstellen sollte, daß die Fauna von Trinil diluvialen Alters wäre; und es wird nicht geschmälert werden, gleichviel ob Pithecanthropus nun wirklich ein Bindeglied, oder ein Affe oder ein Mensch oder ein Bastard zwischen beiden gewesen sein sollte.

War er ein Affe, dann hat uns E. Dubois in ihm den höchststehenden aller Affen kennen gelehrt, der nahe an das Menschliche des niederen Typus hinaufreicht; gleichviel ob er Vorfahr oder nur Seitenzweig des Menschen gewesen ist. War er ein Mensch, dann war er der inferiorste von allen, der nahe an das Äffische hinabreicht. So ist ein Streit um die systematische Stellung des Pithecanthropus, ob er wirklich „Bindeglied" genannt werden muß, ziemlich hinfällig; denn in Wirklichkeit bleibt er als Affe ein Bindeglied nach oben hin, und als Mensch ein solches nach unten hin. E. Dubois behielte also, wenn auch in etwas anderem Sinne, als er das Wort „Bindeglied" anwendete, durchaus recht. Bei solcher Sachlage aber ist es auch mehr nebensächlich, ob Pithecanthropus tertiären Alters ist und damit ein wirkliches, zeitliches, ein Bindeglied „im engeren Sinne", also ein Vorfahr des Menschen gewesen sein könnte; oder ob er diluvialen Alters, mithin jedenfalls nur morphologisches Bindeglied, d. h. ein „Bindeglied im weiteren Sinne" wäre, das natürlich auf jeden Fall aus der Reihe der Vorfahren ausscheiden müßte.

Überhaupt erscheint es mir verfehlt, wenn man jede weitere, dem Menschen nahestehende fossile Form, die vielleicht später noch zu unserer Kenntnis gelangt, gleich als einen Vorfahr des Menschen erklären, sie mit Gewalt in die Ahnenreihe des Menschen hineinzwängen wollte, in der sie vielleicht nie gestanden hat. Der seitlichen Zweige an einem Baume gibt es doch wahrlich viele; aber nur einen einzigen Stamm hat der Baum. Somit ist die Wahrscheinlichkeit, daß wir fossile Seitenzweige finden, von vornherein größer, als daß Stücke des Stammes uns in die Hände fallen müssen.

Indessen, auch das Dasein von Zweigen beweist, daß ein Stamm vorhanden war.

XII. Pithecanthropus als Bastard?

Nur in dem einen Falle würde für Pithecanthropus auch jene Bindegliedsnatur „im weiteren Sinne" verschwinden, würde er nur ein Pseudo-Bindeglied sein, daß Pithecanthropus, wenn ich so sagen darf, nicht von makelloser Geburt, d. h. ein Bastard zwischen Mensch und Affe gewesen sein sollte. Auch hier wieder würde er aber keineswegs an wissenschaftlichem Interesse und Wert verlieren. Diese würden sich nur nach einer anderen Seite hin verlagern, indem dadurch ein weiterer Beweis für die relative Nähe der Verwandtschaft zwischen Mensch und Menschenaffe geliefert würde.

Ich habe seinerzeit diese Möglichkeit der Bastardnatur des Pithecanthropus hervorgehoben.[1] Allerdings hat, wenn ich nicht irre Schoetensack, in einer Besprechung meiner Arbeit einen solchen Gedanken kurz abgelehnt; Schwalbe hat ihn für nicht diskutierbar erklärt. Damit ist indessen keineswegs irgend etwas gegen diese Möglichkeit — mehr hatte ich nicht gesagt — erwiesen.

Gegen eine solche Deutung, daß Pithecanthropus möglicherweise ein Bastard gewesen sein könnte, ließe sich freilich scheinbar doch ein triftiger Einwurf erheben: seine bedeutende Körpergröße.

Schon E. Dubois hat dieselbe als Beweismittel gegen eine andre Ansicht geltend gemacht; nämlich gegen die, daß Pithecanthropus ein Menschenaffe, speziell ein Gibbon gewesen sein könne: Der große Schädel des Pithecanthropus würde, wenn er ein Affe gewesen wäre, auf ein Tier von mehr als Menschengröße hinweisen; denn die Anthropomorphen haben relativ kleine Schädel. Ein so großes schweres Tier würde aber als Gibbon eine Unmöglichkeit gewesen sein: Einmal weil die Gibbons überhaupt nur kleine Affen sind. Zweitens weil sie auf Bäumen leben und gewaltige Turner sind; die Äste der Bäume würden daher den Turnübungen eines mehr als menschengroßen Gibbons nicht standgehalten haben; ein Baumleben wäre so für einen Gibbon von solcher Größe nicht möglich gewesen. Folglich könnte Pithecanthropus kein Gibbon sein. Derartig ungefähr ist Dubois' Gedankengang.

Dagegen läßt sich indessen zweierlei geltend machen: Zunächst, warum sollte es nicht damals große Gibbons gegeben haben? Wir sehen ja, daß auch auf Madagaskar, wo heute nur die kleinen Lemuren leben, früher Riesenlemuren gelebt haben, wie erst vor wenigen Jahren festgestellt worden ist. Ähnlich könnte das mit fossilen Gibbons auf Java gewesen sein. Zweitens aber sollte man doch meinen, daß eine Affenart das Baumleben und das starke Turnen an den Ästen sehr bald aufgeben würde, sobald sie merken würde, daß die Äste dabei stets abbrechen, so daß die Tiere zu Boden stürzen.

Diese bedeutende Körpergröße des Pithecanthropus könnte man

[1] Der fossile Mensch. V. Internationaler Zoologenkongreß. Berlin 1902, S. 23.

also, wie gesagt, auch gegen die Ansicht geltend machen, daß er ein Bastard des kleinen Gibbon und des Menschen gewesen sei. Indessen man denke nur an die Bastarde von Pferd und Esel. Sobald hier die Mutter die große Pferdestute ist, dann wird der Bastard zu dem großen Maultier; ist sie dagegen die kleine Eselstute, so zu dem kleinen Maulesel. Die Größe der Mutter ist hier also maßgebend für die Größe des Bastards.

Falls nun das eine allgemeine Gültigkeit für Bastarde haben sollte, so würde man sagen können, daß Pithecanthropus seiner Größe wegen sehr wohl ein Bastard aus Menschenweib und Gibbonmann gewesen sein könnte, nicht aber umgekehrt — falls nicht doch die damaligen Gibbons von größerer Statur gewesen sind als die heutigen, so daß dann auch ein Bastard von Gibbonweib und Menschenmann im Pithecanthropus möglich sein würde.

Pseudo-Bindeglieder auch bei anderen fossilen Tieren möglich.

Eine solche Möglichkeit, daß ein als Bindeglied zweier Arten angesehenes Fossil, also eine vermeintliche „gute" Art, in Wirklichkeit keine solche, sondern nur ein Bastard, also ein Pseudo-Bindeglied gewesen sein könnte, besteht übrigens keineswegs allein gegenüber Pithecanthropus, sondern ganz allgemein bei fossilen Tieren. Wir sind freilich ohne weiteres bereit, jede fossile Tier- und Pflanzenform als gute Art (bzw. als Varietät einer solchen) zu betrachten; und sie dann als Bindeglied zwischen zwei Arten anzusehen, wenn sie Merkmale dieser beiden in sich vereinigt.

Daß aber in solcher allgemein gepflegten Auffassungsweise eine Quelle von Irrtümern liegen **kann** und in manchen Fällen liegen wird, das ist nicht zu bestreiten, wenn auch bisher meines Wissens darauf noch nicht hingewiesen wurde. Offenbar können doch solche Formen öfters auch Bastarde gewesen sein, d. h. also im allgemeinen nicht fortpflanzungsfähige Wesen, mithin keine „gute Art" und kein Bindeglied, sondern fälschlich als solche erscheinend.

Bei den fossilen Faunen liegen eben, das darf man nicht übersehen, die Verhältnisse anders als bei der heutigen Fauna. Heute stehen wir im allgemeinen vor bereits fest fixierten Arten. Ganz anders jedoch gestaltet sich die Sachlage, wenn wir die lange Reihenfolge aller fossilen Faunen ins Auge fassen, die durch alle vergangenen Zeiten der Erdgeschichte hindurch nacheinander gelebt haben. Wenn doch im Verlaufe der Jahrmillionen eine Art aus der anderen durch Umbildung hervorgegangen ist, dann müssen unter den neuentstandenen Arten zunächst immer noch gewisse derselben so nahe verwandt gewesen sein, daß ihnen **eine Zeit hindurch** die Neigung und die Fähigkeit innewohnten, mit den nächst verwandten Formen Bastarde zu bilden, die dann als solche gewiß oft nicht mehr recht fortpflanzungsfähig (bisweilen vielleicht doch), also keine gute Art waren. Diese Bastarde können uns dann heute als Bindeglieder erscheinen. Aber tatsächlich sind sie doch nur Pseudo-Bindeglieder, wenn sie sich nicht fortpflanzen konnten.

Wenn nun eine solche Bastardbildung sogar bei der jetzt lebenden Tierwelt — wenngleich nur selten, da die Arten meist fest fixiert sind — vorkommt, wieviel mehr muß das bei der Gesamtheit aller früheren Faunen der Fall gewesen sein können. Mit einem bloßen Achselzucken kann man die Sache nicht darum beiseite schieben, weil sich natürlich in gegebenen Fällen niemals wird sagen lassen, ob hier eine echte gute Übergangsart, ein Bindeglied zwischen zwei fossilen Arten vorliegt, oder nur eine Pseudo-Übergangsart, ein Bastard. Wer nach Erkenntnis der Wahrheit strebt, darf nicht Wahres abschütteln, nur darum, weil es zu praktischen Schwierigkeiten oder Unlösbarkeiten führt.

Eine solche Möglichkeit liegt daher zunächst theoretisch auch bei Pithecanthropus vor; und wenn wir die verschiedenen möglichen Deutungen desselben ins Auge fassen, so darf auch diese nicht außer acht gelassen werden. Daß Mensch und Menschenaffe noch heute relativ nahe verwandt sind, wird durch Verhalten des Blutes,[1] durch Skelett und Weichteile wahrscheinlich gemacht. Unter solchen Umständen muß aber selbst noch heute die Möglichkeit einer erfolgreichen Kreuzung zwischen beiden theoretisch nicht als absolut ausgeschlossen erscheinen. Durch Bernelot Moens werden jetzt in Afrika künstliche[2] Kreuzungsversuche gemacht. Ob sie zu einem

[1] H. Friedenthal, Neue Versuche zur Frage nach der Stellung des Menschen im zoologischen System. Sitzungsberichte d. königl. preuß. Akad. d. Wissensch., Berlin 1902, Bd. XXXV, S. 830—835.

[2] Bernelot Moens, Wahrheit. Experimentelle Untersuchungen über die Abstammung des Menschen. Leipzig, bei Owen & Co., 1908.

positiven Ergebnis führen werden oder nicht, wird der Erfolg beweisen.[1]

Haben sie Erfolg, selbst heute noch Erfolg, so ist natürlich zur Zeit des Pithecanthropus eine Kreuzung von Mensch und Menschenaffe um so viel eher möglich gewesen.

Aber auch wenn das Ergebnis für die heutigen Lebewesen, Mensch und Menschenaffe, negativ ausfallen sollte, so wird damit natürlich noch keineswegs bewiesen, daß das zur Zeit des Pithecanthropus nicht doch noch möglich gewesen sein könnte, daß also Pithecanthropus nicht ein Bastard zwischen Mensch und Menschenaffe gewesen sein könnte; denn wenn auch heute die Verwandtschaft zwischen Mensch und Menschenaffe bereits eine so ferne geworden sein sollte, daß damit Kreuzung zwischen beiden zur Unmöglichkeit geworden wäre, so kann doch in altdiluvialer oder gar tertiärer Zeit

[1] Wegen früherer sehr heftiger Angriffe möchte ich, zur Vermeidung von Mißverständnissen, hierzu einige Erläuterungen geben und ausdrücklich bemerken, daß es sich um **künstliche** Kreuzung handelt. Bekanntlich sind von den Zoologen längst künstliche Befruchtungsversuche angestellt worden. Auch in der Landwirtschaft bzw. Tierzucht ist längst davon Gebrauch gemacht worden. Vielfach ist das in der Fischzucht der Fall, vielfach bei der Zucht edler Pferde in Nordamerika, hie und da auch schon in Rußland; und in Deutschland scheint man auch bereits dahingehende Veranstaltungen treffen zu wollen (Zeitschr. f. Gestütkunde, 1908, Heft 7). Bei dem Hengste hält sich das Sperma bei geeigneter Aufbewahrungsmethode mindestens sechs Tage lang beweglich und damit wirkungsvoll, läßt sich also weithin verschicken. Indem nun bereits ganz kleine Portionen desselben genügen, so kann jetzt ein solcher Hengst ungefähr zehnmal mehr Stuten als bei natürlichem Verfahren decken, und — was sehr wichtig — in der Ferne decken. Ein Verfahren, das für die Zucht edler leistungsfähigster Tiere, also in nationalökonomischer Beziehung, von unberechenbarem Vorteil ist. Da die Spermatozoen eines toten Mannes, vermutlich doch auch anderer männlicher Lebewesen, noch bis 24 Stunden nach dem Tode in der Wärme beweglich erhalten werden können, so ist es sogar nicht unwahrscheinlich, daß man auch von toten männlichen Wesen das Sperma zu künstlichen Befruchtungsversuchen erfolgreich benutzen könnte.

Was hier für die Landwirte bzw. Tierzüchter durchaus statthaft ist, das wird für den Mann der Wissenschaft, der nicht um eines Vorteils willen, sondern aus idealsten, sittlich reinsten Gründen — um der Erforschung der Wahrheit willen — ein Anthropomorphen-Weibchen mit Negersperma künstlich befruchtet, kein Verbrechen sein können.

Die Wissenschaft kann einerseits vor der Erforschung des Menschen nicht haltmachen; und anderseits kann wahre Religion durch Erkenntnis der Wahrheit unmöglich Schaden leiden. Das möchte ich als Antwort auf die gegen mich von ultra-kirchlicher Seite gerichteten Angriffe hier entgegnen (S. 85). Eine Religion, welche die Wahrheit, auf welchem Gebiete es auch sei, scheuen würde, würde sich auf dieselbe Stufe stellen wie eine Wissenschaft, welche von der Wahrheit abwiche (S. 85, Anm. 5).

die Verwandtschaft zwischen beiden noch eine so nahe gewesen sein, daß eine erfolgreiche Kreuzung zwischen beiden möglich war.

Wenn man überhaupt eine Verwandtschaft zwischen Mensch und Menschenaffen annimmt, dann muß es jedenfalls notwendig irgendeine Zeit gegeben haben, in der eine Kreuzung zwischen Vertretern des einen Zweiges und solchen des anderen noch möglich war.

Ein Widerspruch schien und scheint mir jedoch in Folgendem zu liegen: Auf Grund der Friedenthalschen Versuche (S. 81) wurde eine noch heute recht nahe Verwandtschaft beider wahrscheinlich. Auf der anderen Seite aber machten wieder der Erwerb der Sprache und die Ausbildung des Gehirns bei dem Menschen einen so überaus langen Weg der Entwicklung wahrscheinlich, daß man daraus im Gegenteil auf eine schon sehr lange Zeit der Trennung, also auf einen heute schon viel ferneren Grad der Verwandtschaft beider schließen möchte.

Wie unsagbar langsam tatsächlich die menschliche Intelligenz sich in älteren Zeiten entwickelt hat, das zeigt sich in ganz überraschender Weise in der langen Dauer der paläolithischen Zeit. Mit anderen Worten, es zeigt sich in der bedeutenden Länge des Zeitraumes, welcher nötig war, bis die Menschheit die einfache Tatsache begriff, daß man Steinbeile usw. nicht nur durch Zuschlagen schlechter, weil splittriger, leicht zerbrechlicher Steine, herstellen könne; sondern daß sie auch, und viel vorteilhafter, aus zäherem Gestein, durch Reiben auf andern Steinen, also durch Zuschleifen sich erzeugen ließen. Es ist heute schwer begreiflich, daß die Menschheit nicht im Gegenteil, sehr bald, auch diese so naheliegende Schleifmethode[1] erfunden hat; und daraus geht eben die große Langsamkeit der Gehirnentwicklung hervor.

Wenn nun aber gar die Eolithe (S. 68) der plio-, mio- und selbst oligocänen Zeit wirklich Werkzeuge eines Vorfahren des Menschen gewesen sein sollten, dann würde sich diese Langsamkeit in der Entwicklung der Menschheit zu einer geradezu ungeheuerlichen steigern. Müßten doch dann so und so viele Hunderttausende von Jahren dahingegangen sein, während welcher diese menschlichen

[1] A. Lacroix (Sur le travail de la pierre polie dans le haut Oubanghi. La Géographie, 15. Okt. 1909, Bd. XX, S. 202—206, 5 Textfig.) berichtet über solche Schleifsteine (Fig. 25 u. 26) für Herstellung von Nadeln von Quarz bei heutigen Menschen.

Vorfahren in unsagbarem Stumpfsinn wieder und immer wieder nur die zufällig an der Erde liegenden und zufällig eine brauchbare Gestalt besitzenden Steine, so wie diese waren, benutzten — ohne bald auf den Gedanken zu kommen, daß sie diesen, doch bei jedem Schlage vor ihren Augen absplitternden Feuerstein auch durch künstlich herbeigeführtes Absplittern mit leichtester Mühe eine viel brauchbarere Gestalt geben könnten. Bis sie dann letzteres in der quartären Mesvinienepoche endlich ganz leise zu begreifen angefangen hätten. Fast eine Jahrmillion wäre dahingegangen, bis diese angehenden „Herren der Schöpfung" endlich diesen einfachen Gedanken gefaßt hätten.

Gleichviel aber, ob die Eolithe wirklich von einem Lebewesen herrühren oder nicht, allein schon durch das oben erwähnte Verhalten des Menschen in paläolithischer Zeit ist die Tatsache sicher erwiesen, daß sein Denkvermögen sich in älterer Zeit ganz überraschend langsam entwickelt hat.

Es liegt also tatsächlich ein Widerspruch in jenen beiden obigen Tatsachen, von denen die eine darauf hinweist, daß die Zweige des Menschen und des Menschenaffen sich erst vor kurzem voneinander getrennt zu haben scheinen, während die andre anzudeuten scheint, daß das im Gegenteil schon vor sehr langer Zeit geschehen sein müsse.

XIII. Zur Richtigstellung.

Obgleich aus dem, was ich im Vorstehenden und bei anderen Gelegenheiten gesagt habe, unzweideutig hervorgeht, daß ich den Menschen für ebenso allmählich geworden ansehe, wie alle übrigen Lebewesen, werde ich von gegnerischer, ultramontaner Seite als ein Zeuge für deren Ansicht angeführt, daß der Mensch, ohne Vorfahren gehabt zu haben, irgendwie geschaffen worden sei!

Da mein Name in solcher Weise wiederholt zur Unterstützung einer für den Zoologen so unsinnigen Vorstellung zitiert wird, bin ich gezwungen, mich nun auch öffentlich dagegen zu verwahren; und um fernere Wiederholungen abzuschneiden muß ich im folgenden eine genaue Darlegung dieser Versuche geben. Ich bringe das hier zum Schluß, weil derartige das Persönliche berührende Dinge aus den sachlichen Darlegungen auszuschalten sind, so daß jeder nach Belieben davon Notiz nehmen kann oder nicht.

Die Veranlassung zu dieser Umkehrung des Sachverhaltes gab zunächst ein Satz, den P. Erich Wasmann[1] über den Inhalt eines von mir vor dem fünften internationalen Zoologenkongreß gehaltenen Vortrages geschrieben hat.

Wasmanns Bericht gab zwar richtig wieder, daß ich den Friedenthalschen Beweisgründen für eine Verwandtschaft von Mensch und Menschenaffe großes Gewicht beilege, und daß ich die fossilen Vorfahren des Menschen als bisher noch unbekannt bezeichnete. Aber der Bericht **begann** mit den Worten[2]: „Der Hauptinhalt des Brancaschen Vortrages gipfelte in den Worten: Der Mensch tritt uns in der Erdgeschichte nicht als ein Abkömmling früherer Geschlechter entgegen.“[3] Dieser Satz konnte von dem Leser nicht anders verstanden werden als dahin, daß der Mensch nach mir überhaupt keine Vorfahren gehabt habe, also aus dem Nichts geschaffen sei! Herr Wasmann hat denn auch auf meine Einsprache hin in der 3. Auflage 1906 diesen Satz gestrichen und mir die Erklärung brieflich gegeben, der Satz solle ja nur besagen, daß die tertiären Vorfahren des Menschen **unbekannt** seien.

Ich würde daher nach diesem durchaus loyalen Eingehen auf meine Bitte keinen Grund haben, auf diese Sache hier zurückzukommen, wenn sich nicht der Übelstand ergäbe, daß ich nach wie vor, auf Grund der älteren Auflage des Wasmannschen Buches, als Zeuge für Erschaffung des Menschen aus dem Nichts zitiert werde.

[1] Biologie und Entwicklungstheorie. 2. Aufl., S. 202 u. 203.

[2] Keineswegs richtig wiedergegeben ist es auch z. B., wenn P. Wasmann mich zitiert: „Die meisten dieser **ältesten** Menschen besaßen einen Schädel, auf den ein jeder von uns stolz sein könnte.“ Ich habe keineswegs von den „ältesten“ fossilen Menschen gesprochen, sondern nur von den „alten“; und darunter faßte ich — wegen der Unmöglichkeit, die sicher diluvialen von den unsicher diluvialen früheren Erfunden zu trennen — zusammen **alle** diese, zum Teil also auch **jung**diluvialen oder gar noch jüngeren Menschenschädel.

Man sieht, von den „ältesten“ Menschenschädeln habe ich nichts gesagt und dadurch ändert sich der Sinn. Tatsächlich ist es nicht richtig, „daß der größte Teil der ältesten Menschenschädel dem höheren Schädeltypus angehört“.

[3] Wenn Herr P. Wasmann in der Anmerkung zu seinem Berichte sagt, er habe den Satz nach meinem Vortrage wörtlich stenographiert, so muß ich entgegnen, daß nur diejenige Fassung einer Rede Geltung hat, die der Redner drucken läßt; nicht aber das, was ein anderer aus Mißverstand oder aus sonstigen Gründen stenographiert. Anderenfalls wäre ja jeder Redner schutzlos jedem Stenographen preisgegeben!

Schon 1905 hat ein Kollege des Herrn P. Wasmann das bei einem Vortrage in Innsbruck getan; und in gleicher Weise ist das soeben[1] durch einen anderen Kollegen des Herrn Wasmann, gestützt auf jenen Satz in der alten Auflage, geschehen. Dies sind zwei Fälle, die zufällig zu meiner Kenntnis kamen; es mag deren wohl noch andere geben, die ich nicht kenne.

Selbstverständlich haben beide Herren im besten Glauben zitiert. Die Schuld trägt eben die mißverständliche Fassung des von Wasmann geschriebenen Satzes. Ich muß daher allen, welche unter Benutzung der **alten** Auflage des Wasmannschen Buches mich als Zeugen für eine naturwissenschaftlich so absolut unsinnige Ansicht hingestellt haben und in Zukunft etwa noch hinstellen werden, jene Erklärung des Herrn Wasmann entgegenhalten, daß sein Satz nicht das bedeuten solle, was sie aus demselben herauslesen, und daß er den Satz in der dritten Auflage überhaupt fortgelassen habe.

Indessen auch in einer neuesten Schrift[2] des Herrn P. Wasmann finden sich zwei Sätze, die ich geschrieben haben soll, und die, weil zweideutig, ebenfalls notwendig das gleiche Mißverständnis hervorrufen müssen. Ich bin daher gezwungen, auch hier die Sachlage genau zu berichten, um nun nicht wieder daraufhin anderen zoologisch unsinnigen Anschauungen dienstbar gemacht zu werden. Der Verlauf der Sache war der folgende:

In Innsbruck hatte ein Geistlicher 1905 einen Vortrag gehalten, in dem er, gestützt auf den obigen, von mir beanstandeten Satz aus Wasmanns Bericht, mich als vermeintlichen Zeugen dafür anführte, daß der Mensch gar keine tierischen Vorfahren gehabt habe. Daraufhin erfolgte aus meiner Feder in einer Innsbrucker Zeitung eine Richtigstellung; dieser letzteren aber wurde, ohne mein Wissen und Verschulden, ein schroffer Angriff gegen P. Wasmann hinzugefügt. Daraus entstanden zwei Briefe Wasmanns an mich und zwei Antworten von mir an ihn. Mit Bezug auf diese Korrespondenz druckt nun P. Wasmann die folgenden beiden Sätze:

„Professor Branca antwortete mir, es entspreche ganz seinen Ausführungen, was ich damals niedergeschrieben hätte, nur würde er jetzt ein paar Worte ändern. Aber es sei wirklich seine Absicht gewesen, der extremen Richtung einen Riegel vorzuschieben."

[1] Apologetische Rundschau Nov. 1909, Jahrg. 5, S. 67.
[2] Entwicklungstheorie und Monismus, Innsbrucker Vorträge 1910, S. 80.

Wer den ersten dieser beiden Sätze liest, wird ihn so verstehen müssen, daß ich dem Wasmannschen Berichte über meinen Vortrag ganz zugestimmt und lediglich „ein paar", d. h. einige ganz bedeutungslose, nebensächliche Worte beanstandet habe. Tatsächlich habe ich von irgendwelcher Zustimmung nichts gesagt, sondern nur geschrieben, ich bäte, jenen hier (S. 81) soeben zitierten, doppeldeutigen Satz („nicht als Abkömmling früherer Geschlechter") in der nächsten Auflage zu streichen, da ich sonst gezwungen sei, öffentlich mich dagegen zu verwahren.

Und wer den zweiten dieser Sätze liest, wird ihn da, wo er steht — nämlich in einem Vortrage, in welchem Wasmann die zoologische Auffassung von der Entwicklung des Menschen bekämpft — nur so verstehen können, daß ich **ebenfalls dieser** von ihm bekämpften Richtung habe „einen Riegel vorschieben" wollen; denn der Leser kann in diesem Zusammenhange unter „extrem" nur diese entwicklungsgeschichtliche Auffassung des Menschen verstehen, wenn auch Wasmann sich darunter etwas anderes gedacht hat. Ich habe daher zu erklären:

Von diesem Satze habe ich auch nicht ein Wort geschrieben. Ich würde mich, selbstverständlich, auch nie so unbescheiden ausgedrückt haben, daß ich einer geistigen Strömung „einen Riegel vorschieben" wolle! Ich konnte das aber überhaupt nicht geschrieben haben, weil ich ja selbst dieser „extremen" Richtung angehöre, und mir doch nicht selbst einen Riegel vorschieben kann.

Welches vielmehr meine Absicht war, als ich so scharf zugespitzte Worte wie „ahnenloser Parvenü" gebrauchte, das habe ich auf S. 59 dieser Arbeit bereits gesagt und Herrn Wasmann auch geschrieben: Dagegen nämlich, daß Spekulationen, so berechtigt sie auch als solche sind, für paläontologische Beweise ausgegeben werden; und dagegen, daß alles, was dieser oder jener mit einem hohen Maße künstlerischer Phantasie begabter Gelehrter sich denkt und wünscht, von ihm auch für wahr und für bewiesen angesehen wird — dagegen allein habe ich mich durch jene Worte aussprechen wollen.

Ich muß Herrn P. Wasmann deshalb bitten, nunmehr auch diese beiden hier von mir beanstandeten Sätze in einer Neuauflage seiner Innsbrucker Vorträge freundlichst streichen zu wollen, da der Leser sie, wie tatsächlich schon der Fall gewesen ist und sicher noch weiter der Fall sein wird, notwendig falsch verstehen muß.

XIV. Schlußbetrachtungen.

I. Fanatiker der Kirche und der Monisten. Wer über den fossilen Menschen arbeitet, der wird, er mag wollen oder nicht, von den sich befehdenden Parteien inmitten des Kampfes zwischen kirchlichem und monistischem Dogma gestellt, der gegenwärtig entbrannt ist. Und wer dann, unbekümmert um diesen Streit und um das eine wie das andere Dogma, eigene Wege geht und seine Überzeugung und das, was er als wahr erkennt, offen und rücksichtslos ausspricht, der darf natürlich nicht überrascht sein, wenn er, wie es mir zuteil geworden ist, zwischen beide Feuer kommt.

Auf der einen Seite läuft er Gefahr, von Fanatikern der kirchlich-dogmatischen Partei — je nach den Sätzen, die gerade aus seiner Arbeit einzeln herausgerissen werden — teils schwer angegriffen (s. weiter unten), teils im Gegenteil, als angeblicher Zeuge für deren Ansichten (S. 81, 82), zitiert und belobt zu werden. Auf der anderen Seite entgeht er ebensowenig dem Schicksal, von den Fanatikern der monistisch-dogmatischen Partei geschmäht zu werden (S. 85), weil er angeblich der feindlichen Partei Waffen in die Hand gibt.

Als ob offenes Bekenntnis der Wahrheit über den augenblicklichen Stand unserer Kenntnisse auf irgendeinem wissenschaftlichen Gebiete der **Wissenschaft** wirklich einen Schaden zufügen könnte. Der **Partei,** ja, unter Umständen. Aber was hat denn ein ernstlicher Mann der Wissenschaft mit Parteiwesen zu tun? Er läuft ersichtlich dabei Gefahr, die Partei über die Wissenschaft zu stellen; und dadurch kommen dann Dinge zustande, bei denen die strenge wissenschaftliche Wahrheit gebeugt wird um der parteilichen Zwecke willen, so daß schließlich die Mittel als durch den Zweck geheiligt angesehen werden.

Fanatiker sind unter allen Umständen geistig farbenblind, sie mögen dem einen oder dem anderen Dogma angehören; sie vermögen nur noch die Farbe ihrer eigenen Partei zu sehen. Obgleich sie eben darum wissenschaftliche Beachtung, natürlich meine ich nur in dieser Richtung, nicht verdienen, so ist doch ohne weiteres klar, daß sie eine große Gefahr für die Freiheit der wissenschaftlichen Forschung bedeuten, indem sie mit ihrer Unduldsamkeit jeden bedrohen, der anderer Ansicht ist als sie. Daher mag es nicht nur gestattet sein, sondern es erscheint mir sogar als Pflicht, das Folgende hier zu erörtern, wenn es auch zunächst nur meine Person betrifft. Der Zweck, um dessentwillen ich das tue, wird sehr bald (S. 86) klar werden.

Überaus widerspruchsvoll bin ich von kirchlich-dogmatisch Gesinnten kritisiert worden. Einerseits ist man offenbar sehr mit mir zufrieden und zitiert mich, infolge der mißverständlichen Worte P. Wasmanns (S. 80), fälschlicherweise als einen Zeugen für die Schaffung des Menschen aus dem Nichts. Obgleich ich das gerade Gegenteil davon vertrete!

Anderseits haben, eben weil ich das Gegenteil vertreten habe, kirchliche Fanatiker sich[1] in diametral entgegengesetzter Weise über mich geäußert; denn es ist doch gewiß nicht sehr freundlich, wenn z. B. der eine dieser Herren schreibt, daß man solche Menschen „um einen Kopf kürzer machen sollte, mögen es Universitätsprofessoren oder andere Lehrer sein“[2]; und wenn ein anderer mich einen „von Gott verlassenen Gelehrten, der verbrecherische Torheit vorgetragen“ habe, nennt und den Zuchthausparagraphen als geeignetes Mittel für mich empfiehlt.[3]

Von monistischen Fanatikern bin ich aber ebenfalls verdammt worden, weil ihnen wieder anderes, das ich getan bzw. geschrieben hatte, mißfiel. So hat mein sehr geehrter Herr Kollege Rudolf Hörnes in Graz es für nötig gehalten, nicht weniger als dreimal öffentlich in Zeitungen und dann durch in alle Welt verschickte Flugblätter mich[4] anzugreifen, weil ich es gewagt hatte, eine Erklärung zu unterschreiben, die für absolute Wahrhaftigkeit in der Forschung[5] eintritt und sich freilich damit gegen ein von dem

[1] Im Jahre 1901 nach jenem auf S. 80 zitierten Vortrage.

[2] Der Bauer (Redakteur Söllner).

[3] Korrespondenzblatt des Männerbundes zur Bekämpfung der Unsittlichkeit (Redakteur Darsch).

[4] Zusammen mit zwei anderen Geologen, den Herren Beyschlag und Berendt.

[5] Der bekannte Angriff von Brass gegen Haeckel war sicherlich wissenschaftlich zwecklos, denn es handelte sich um eine längst erledigte, schon von His und anderen genügend verurteilte Angelegenheit. Ersichtlich war es also nur der parteipolitische Zweck, der den Anhänger der einen Partei antrieb, das Haupt der anderen möglichst empfindlich zu treffen. Es war daher der Wunsch einer Anzahl von Kollegen des letzteren, Haeckels, durchaus erklärlich, in einer ihnen zugesandten Erklärung für den Angegriffenen, der den Kampf für die Entwicklungslehre Jahrzehnte hindurch mit Feuereifer geführt hatte, einzutreten. Da für diese Erklärung aber die denkbar ungeschickteste Fassung gewählt worden war, indem sie eine Beschönigung der von Brass angegriffenen Handlungsweise brachte, so hielt ich es für meine Pflicht, mich umgekehrt derjenigen Erklärung anzuschließen, welche für das Prinzip der Wahrhaftigkeit in den wissenschaftlichen Angaben eintrat. Ich

Haupte der monistischen Partei eingeschlagenes, nicht statthaftes Verfahren[1] richtete. Und privatim, brieflich, ist mir in ausgesucht kränkendster und gehässigster Weise von anderer kollegialer Seite gleicher Tadel deswegen zuteil geworden.

Das heißt also: Die Fanatiker unter den Monisten gehen angreifend und schmähend gegen jeden vor, der es wagt, seiner Überzeugung öffentlichen Ausdruck zu geben, wenn diese ihnen unbequem ist. Wie die vorliegende Arbeit beweist, lasse ich mich natürlich durch solche Angriffe nicht beirren, in dem, was wir vom fossilen Menschen und seinen Vorfahren zurzeit mit Sicherheit wissen, die ungeschminkteste Wahrheit zu sagen; auf die Gefahr hin, abermals Angriffe von monistischen Fanatikern erdulden zu müssen.

Aber — und damit beende ich das, was ich notgedrungen von mir sagen mußte und komme zu der Nutzanwendung, um derentwillen allein ich von mir gesprochen habe — ein derartiges Sich-Nicht-Beirrenlassen ist eine verhältnismäßig leichte Sache für den, der aus gesicherter Stellung solch Treiben mit ansehen kann; wenngleich es natürlich auch für ihn widerwärtig ist, von Kollegen solches erdulden zu müssen.

Schwer jedoch ist es für den, der als unbemittelter junger Gelehrter erst eine Stellung erringen will und muß; denn diesem wird durch solche Angriffe, auch wenn sie zunächst nur einen anderen treffen, klar gemacht, was seiner wartet, wenn er es wagen sollte, gegenüber dem von Fanatikern des Monismus festgesetzten Dogma abzuweichen und ketzerische Ansichten zu äußern.

Auch Urteile, wie sie Haeckel in den „Welträtseln" über die Andersgläubigen fällt, sind, richtig gedeutet, nichts anderes, als eine warnend erhobene Zuchtrute, die jedem Gelehrten vor Augen führt, daß ihm von den Fanatikern des Monismus, wo sie die Macht dazu haben, erbarmungslos das Vorwärtskommen erschwert wird,

unterschrieb daher, obgleich ich nicht Mitglied des Keplerbundes bin, die von diesem verfaßte Gegen-Erklärung, weil in dieser das Prinzip vertreten wurde, daß absolute Wahrhaftigkeit die Grundlage sein und bleiben müsse, auf der allein Wissenschaft sich aufbauen könne. Wegen dieser meiner Unterschrift dieser Erklärung erfolgten obige Angriffe gegen mich.

[1] Nur gegen das Verfahren. Gegen die Person und gegen die großen Verdienste Haeckels um die Verbreitung der Entwicklungslehre konnte sich diese Erklärung selbstverständlich mit keinem Worte richten. Ebensowenig richtete sie sich natürlich gegen die 46 Kollegen, welche für Haeckel eingetreten waren; sondern nur gegen das, was in einer von ihnen unterschriebenen Erklärung uns nicht haltbar erschien.

sobald er es sich einfallen läßt, anders zu denken, als sie gestatten: Wer Haeckel nicht zustimmt, der hat, so sagt er, „nicht Neigung und Mut zum Bekenntnis einer abgerundeten, philosophischen Überzeugung“; und ebenso spricht er jedem Gelehrten „Fachkundigkeit und Ehrlichkeit“ ab, sobald dieser wagt, anderes zu glauben, als er.

Wenn diese Worte einen Erfolg haben, dann kann es nur der doppelte sein, einerseits dem Volke, an das sich die „Welträtsel“ wenden, die Meinung einzuimpfen, daß Haeckels Ansicht in allen Punkten die allein richtige, von allen Gelehrten geteilte ist; anderseits aber durch solche öffentliche Brandmarkung möglichst jeden Gelehrten abzuschrecken, eine von Haeckel abweichende Meinung kundzugeben; denn wer möchte sich wohl gern für einen Mann erklären lassen, der nicht den Mut seiner Überzeugung habe und nicht fachkundig und nicht ehrlich sei.

Wo ist denn noch ein Unterschied zwischen dem Bannfluche, den die Kirche gegen den Ketzer schleudert und dem, welchen die Fanatiker des Monismus aussprechen? Doch nur dem Wortlaute nach; dem Wesen nach ist es ganz dasselbe. Das ist also die „Freiheit der Wissenschaft“, wie die Fanatiker des Monismus sie meinen. Es ist notwendig, das öffentlich auszusprechen und Verwahrung einzulegen gegen soches Verfahren, von dem sich doch gewiß alle ruhig denkenden, nichtfanatischen Monisten mit Entrüstung abwenden.

Dogmen an und für sich sind gewiß nicht zu verwerfen; die Menschheit bedarf ihrer, wie der Soldat der Uniform. Der Mann der Wissenschaft aber muß in seiner Wissenschaft jedes Dogma, ob es von kirchlicher oder von monistischer Seite herkommt, dann ablehnen, sobald versucht wird, durch geistige Zwangsmittel irgendwelcher Art die Freiheit der wissenschaftlichen Forschung zu beeinflussen.

II. Kirche und Entwicklungslehre. Schon im Anfang der siebziger Jahre des vorigen Jahrhunderts — also zu einer Zeit, in welcher die Entwicklungslehre noch nicht ihren Siegeszug vollzogen hatte, in der also ein hoher Mut und eine große Vorurteilsfreiheit dazu gehörten, trat der protestantische Geistliche Rudolf von Schmid[1] für die Darwinsche Lehre in einem umfangreichen

[1] Die Darwinschen Theorien und ihre Stellung zur Philosophie, Religion und Moral. Barmen bei Hugo Klein, 8°, VII u. 403 S. Jetzt in zweiter Auflage.

Buche ein. Und es sprach wohl ebenso für den Menschen in dem König von Württemberg, daß er diesen ausgezeichneten Mann, trotz dessen damals noch sehr anstößigen Ansichten, als Hofprediger nach Stuttgart berief. Daß Schmid, als reiner Theologe, der Stellung des Menschen in der Natur noch nicht ganz gerecht zu werden vermochte, ist leicht verständlich.

Ein Vierteljahrhundert später trat Erich Wasmann in seiner Doppelstellung als katholischer Geistlicher, S. J., und zugleich als studierter Zoologe und zoologischer Forscher mit seinem bekannten, oben zitierten Buche[1] hervor, in dem er gleichfalls, aber natürlich mit ganz anderer, zoologischer Begründung, für die Entwicklungslehre der Zoologie, gegenüber der herrschenden Lehre der Kirche eintritt. Den Menschen jedoch läßt bekanntlich auch Wasmann eine Ausnahmestellung einnehmen; er stellt also in dieser Beziehung das Dogma der Kirche über die logische Konsequenz, zu welcher die Naturwissenschaft den Forscher führt. Eine wissenschaftliche Arbeit kann aber nur aus einem Geiste geboren werden; entweder aus dem der Zoologie, oder aus dem der bisherigen kirchlichen Dogmatik. Eine Vereinigung beider in der Weise, daß die zoologische Forschung bzw. die Konsequenz aus der Forschung sich unter das kirchliche Dogma beugen muß, ergibt für den zoologisch Denkenden einen geistigen Bastard, der nicht lebensfähig ist, daher zu einem wissenschaftlichen Mißerfolg führen muß.

Wasmann sagt: „Der ganze hypothetische Stammbaum des Menschen weist keine einzige fossile Gattung auf. Wenn der Mensch wirklich aus einer gemeinsamen Stammform mit den Affen entsprungen wäre, dann müßte sich eine solche finden lassen"; aber das ist doch ein, unrichtige Vorstellungen erweckender Schluß. Erstens wäre es denkbar, daß diese Stammform für immer im Meere begraben läge auf dem Boden des in die Tiefe hinab gesunkenen Festlandes, das die asiatischen Inseln einst mit dem Kontinent verband, oder an andrer Stelle. Zweitens stehen wir doch erst am Beginne unserer paläontologischen Kenntnisse und niemand kann sagen, ob nicht diese Stammform in den polaren Gebieten unter Schnee und Eis begraben liegt oder in Afrika oder Asien oder gar Südamerika, also irgendwo, dereinst gefunden werden wird (S. 64). Es ist also möglich, daß diese Stammform sich nie-

[1] S. 81 Anm. 1; 1906 in dritter Auflage.

mals finden läßt oder daß sie erst später gefunden werden wird. Aber vorhanden muß sie gewesen sein.

Abermals zehn Jahre später, 1910, erscheint, wiederum von einen protestantischen Geistlichen, Professor Karl Beth in Wien, eine kurze Schrift. Und obgleich nicht Zoologe zieht er doch die notwendige logische Konsequenz.[1] Er läßt auch für den Menschen und dessen Geist voll und ganz die Entwicklung aus dem Tierischen gelten; aber sucht dann das gewordene „Menschenreich" von dem Tierreich ähnlich abzutrennen, wie man das Tierreich vom Pflanzenreich trennt, wenngleich beide nach herrschender Ansicht im Beginn zusammenhängen.

Ich vermag nicht anzugeben, ob noch von anderer theologischer Seite Äußerungen in dieser Beziehung vorliegen. Mir ist diese Literatur natürlich nicht bekannt, und ich verdanke Schmids und Beths Arbeiten nur der freundlichen Zusendung derselben durch die Verfasser.

Die katholische Kirche ist in dem Wasmannschen Buche der Zoologie schon weit entgegen gekommen. Aber sie hätte, meiner Ansicht nach, taktisch viel richtiger gehandelt, wenn sie sich nicht bezüglich des Menschen noch in diesen Außenwerken verschanzt hätte, die sie schließlich doch einmal wird aufgeben müssen; sondern wenn sie ihre Verteidigung gleich auf das Hauptwerk beschränkt hätte, die erstmalige Entstehung des Lebens.

Die Kirche könnte ruhig, und ich glaube sie wird das auch einmal tun, anerkennen, daß alles sich entwickelt hat; auch der Mensch, auch sein Geist. Die Kirche hat ja doch fast 2000 Jahre früher als die Zoologie schon eine Entwicklungslehre, nämlich einen zweiten Teil derselben, aufgestellt: Die Entwicklung der sündigen Menschenseele bis zur strahlenden Klarheit der Gottesähnlichkeit; da wäre es es nur konsequent, wenn sie auch einen ersten Teil der Entwicklung, von der Tierseele bis zur Menschenseele, zugäbe. Das eine wie das andere ist eine Entwicklungslehre.

Vom Standpunkt der Kirche aus wird keineswegs etwa geltend gemacht werden können, die Entwicklung von der Tierseele bis zur Menschenseele sei ein so Ungeheuerliches, weil ein zu unfaßbar langer und schwieriger Weg, daß man ihn darum verwerfen müsse. Ich meine: Der muß sich eine recht wenig erhabene Vorstellung

[1] Karl Beth, Wie verträgt sich der Entwicklungsgedanke mit der religiösen Überzeugung von der geistigen Sonderstellung des Menschen? „Die christliche Welt". Marburg 1910, Nr. 5 und Nr. 6. Ferner: Karl Beth, Urmensch, Welt und Gott, Berlin-Gr.-Lichterfelde bei Edw. Runge, 8°, 88 S.

von der Gottheit machen, welcher denkt, der Weg von einer Menschenseele bis zur Gottähnlichkeit sei weniger weit und schwierig als jener. Warum also nicht auch jenen Weg gelten lassen? Was hat überhaupt die zoologische Entwicklungslehre mit dem Glauben an ein Göttliches zu tun? Nicht das Mindeste.

Der Anfang des Lebens aber, über den bis jetzt niemand etwas Sicheres weiß, niemand etwas anderes als Hypothesen und Glaubensartikel auszusagen vermag, bliebe infolgedessen für die Kirche und die ihr anhängen von diesem Zugeständnis unberührt. Aller Streit um Reales, um die Entwicklungslehre, hätte ein Ende; und die Kirche wäre in einer für so lange uneinnehmbaren Position, bis die Entstehung des Lebens aus unbelebter Substanz experimentell und zweifellos erwiesen wäre.

III. Urzeugung bis jetzt ein Wunder. Einstweilen ist Urzeugung nicht erwiesen; und meiner Ansicht nach widerspricht sie so sehr dem, jedermann offen vor Augen liegenden Naturgesetze, laut welchem Leben immer nur von Leben herkommt, daß ein starkes Maß von Wunderglauben dazu gehört, um trotzdem die Urzeugung aus unbelebter Materie als etwas ganz Selbstverständliches, des Beweises kaum Bedürfendes anzunehmen. Wenn Nägeli gesagt hat: „Die Urzeugung leugnen heißt das Wunder proklamieren," so möchte ich dagegen sagen: „An die Urzeugung glauben, heißt — soviel wir bis jetzt sicher über Entstehung von Leben wissen — ebenfalls an Wunder glauben."

Für das monistische Dogmengebäude, wenn es konsequent bleiben will, gibt es meiner Ansicht nur eines: Die Ansicht, daß auch das Leben von Ewigkeit her in der Welt ist, wenn die Materie von Ewigkeit her ist; und daß es durch Keime von einem Gestirn auf das andere verpflanzt wird. Eine Lehre, die über den Wunderglauben anderer die Achseln zuckt, sollte nicht selbst etwas zum Dogma erheben, das — soweit bisherige Kenntnis reicht — ebenfalls als ein Wunder erscheint.

Allerdings sagen die, welche auf die Urzeugung schwören: „Wenn die Natur das Leben aus unbelebter Substanz hat entstehen lassen, dann ist das eben kein Wunder, denn die Natur kann keine Wunder machen."

Natürlich kann sie letzteres nicht; und darum ist es **dann** natürlich auch kein Wunder, **wenn** die Natur das gemacht hat. Aber in dem „wenn" liegt doch ein circulus vitiosus; denn das „wenn" sagt klar aus, daß es sich nur um eine Annahme, einen Glauben handelt, auf dem die ganze Folgerung aufgebaut ist. Wer das nicht einsehen kann, der ist von diesem Glauben eben so befangen, daß ihm in diesem Punkte das Urteil getrübt ist. Ich möchte auf dieses hier kurz Ausgeführte nun noch etwas näher eingehen.

Wer die Urzeugung auf der Erde annimmt glaubt damit, daß zwei sich diametral entgegenstehende Naturgesetze Gültigkeit haben. Das erste lautet: Leben kann immer nur durch Leben entstehen. Das zweite lautet: Leben entsteht aber auch, oder ist wenigstens früher entstanden, aus Nicht-Leben.

Das erste Gesetz ist durch Milliarden von Tatsachen bewiesen, es besteht zweifellos. Das zweite aber ist bisher noch durch keine einzige Tatsache bewiesen. Beide Naturgesetze widersprechen folglich diametral einander. Man ist daher gezwungen, wenn man auch dieses zweite Naturgesetz gelten lassen will, die folgende Alternative anzunehmen:

Entweder hat das zweite Naturgesetz auch heute noch Geltung; es kann also auch heute noch Leben auf zwei diametral entgegengesetzte Weisen und auf Grund zweier diametral entgegengesetzter Naturgesetze hervorgerufen werden; einmal durch belebte Substanz und zweitens durch unbelebte Substanz. Das ist wenig wahrscheinlich, und die Behauptung, es könne ja niemand wissen, ob nicht heute auch noch Leben aus unbelebter Substanz entstehe, ist doch eine sehr billige, wertlose Ausrede; denn man kann mit dieser Art von Behauptung selbstverständlich alles beliebige Mögliche und Unmögliche für möglich erklären.

Die andere Alternative würde die sein, daß das ersterwähnte Naturgesetz, Leben kann immer nur durch Leben entstehen, zwar für spätere Zeiten gilt, für eine frühe Zeit der Erdgeschichte aber keine Geltung gehabt habe; so daß für diese Zeit ein geradezu entgegengesetzt lautendes anderes Naturgesetz herrschend gewesen sei. Das erscheint mir noch weniger wahrscheinlich. Alle geologische und naturwissenschaftliche Forschung geht ja von dem Satze aus, daß die heutigen Naturgesetze, welche wir als solche erkennen, zu allen Zeiten bereits Naturgesetze gewesen sein müssen; daß daher die ehemals vertreten gewesene Anschauung, in früheren Zeiten der Erdgeschichte hätten ganz andere Naturgesetze geherrscht als jetzt, ein Unding sei.

Und wann sollte nun der Zeitpunkt gekommen gewesen sein, und warum sollte er gekommen sein, an dem die bisherige Kraft der Erde, Leben aus unbelebter Substanz entstehen lassen zu können, definitiv aufgehört hätte? Dieses Aufhören dieser Kraft, **dieses Einschlafen eines bisher herrschenden Naturgesetzes,** wäre meiner Ansicht nach das Wunderbarste, das die Erde erlebt hat. Welches andere Naturgesetz hat sich so auffallend verhalten?

Aus dieser Überlegung folgt also, daß, wenn wir konsequent sein wollen, wir die Annahme, nur in der ersten Zeit der Erdgeschichte sei Leben aus unbelebter Substanz hervorgegangen, als überaus unglaubwürdig erklären müssen. Wie sollte auch in damaliger Zeit Entstehung von Leben aus unbelebter Substanz möglich gewesen sein, wenn das nicht auch heute noch der Fall wäre? Die Grenzen, innerhalb welcher Leben überhaupt möglich ist, sind ja keine allzuweiten. Wird ein lebender Körper einer zu hohen Temperatur ausgesetzt, so geht er zugrunde; dasselbe gilt, wenn er einer zu niedrigen Temperatur ausgesetzt ist. Die Grenzen der Temperatur, innerhalb welcher Leben überhaupt möglich ist, sind daher keine allzu großen; und sie können in jenen alten Zeiten der Erdgeschichte auch keine anderen gewesen sein, als sie es heute sind. Dieselben Temperaturen also, bei denen damals Entstehung von Leben aus unbelebter Substanz möglich gewesen wäre, würden auch heute noch vorhanden sein; es müßte dann also auch noch heute, ganz ebenso wie damals, Leben aus unbelebter Substanz an genügend warmen Orten entstehen können.

Bisher aber hat uns die Naturforschung nichts derartiges erkennen lassen.

Wenn wir somit dasjenige Naturgesetz, welches wir als ein ganz zweifelloses in ungezählten Milliarden von Fällen erweisen können, daß nämlich Leben immer nur aus Leben entstehen kann, gelten lassen müssen, so ergibt sich mit Notwendigkeit, daß die Entstehung von Leben aus unbelebter Substanz ein Vorgang wäre, der, soweit heutige Erkenntnis reicht, gegen dieses Naturgesetz verstieße. Mit anderen Worten: Die Naturwissenschaft nimmt, um die erstmalige Entstehung von Leben auf der Erde zu erklären, ein Wunder an.

Was würde man sagen, wenn jemand behaupten wollte: „Gegenwärtig wächst die Anziehung proportional der Masse und nimmt ab im Quadrat der Entfernung. Früher aber herrschte das diametral entgegengesetzte Gesetz: Die Anziehung nahm ab proportional *dem Wachsen der Masse und wuchs im Quadrat der Entfernung. Und vielleicht herrschten und herrschen beide Gesetze auch heute noch gleichzeitig nebeneinander.*" Ein noch größerer Unsinn wäre nicht denkbar; und doch ist dieses Beispiele in Analogon zu dem oben Dargelegten — wobei man nur als etwas mildernd entgegenhalten kann, daß unbelebte Materie etwas anderes ist als belebte.

Letzteres ist allerdings richtig; aber dann dürfte man also diesen Einwurf auch in die Worte übersetzen: Unbelebte Materie ist den ihr zukommenden Naturgesetzen absolut unterworfen; belebte aber nicht? Ebenfalls ein großer Unsinn.

Die Naturwissenschaft hat sich derartig gewöhnt, die Entstehung von Leben aus unbelebter Substanz als etwas ganz Selbstverständliches anzunehmen, daß sich, wie mir scheinen will, die meisten gar nicht mehr der ungeheuren Schwierigkeiten bewußt sind, die diese Hypothese mit sich führt.

Man denke sich doch nur die Erde vor dem Dasein des Lebens. Was war damals vorhanden? Ein lebloser, geistloser Steinklumpen, umgeben von einem dünnen Wasserhäutchen und einer leblosen, geistlosen Lufthülle. *Und da sollen nun eines Tages etwa Kohlensäure, Wasser und Ammoniak*, bzw. *die darin enthaltenen Elemente, in irgendeiner anderen Form oder Verbindung sich vereinigt und Leben und Anfänge der Verstandes und der Seelentätigkeit erzeugt haben?* Die Zumutung an die Leichtgläubigkeit ist doch wahrlich eine starke; ein noch ärgeres Märchen konnte man gar nicht erfinden. Wahrlich, wenn es die Kirche gewesen wäre, die uns zumuten würde, solches zu glauben, alle Naturforscher würden sich entsetzt von dieser Zumutung abwenden. Man sieht, das ist eine Frage, in welcher der Monismus selbst nicht ein noch aus weiß.

Jeder, der Urzeugung annimmt, muß sich klar machen, daß er, soweit heutige Naturerkenntnis reicht, ein Wunder annimmt; ein Wunder, genau so groß wie das, welches die Kirche annimmt. Und der ganze Unterschied ist dann nur der, daß man diesen angenommenen, entgegen dem Naturgesetz sich vollziehenden Vorgang, d. h. dieses Wunder, hier durch die absolut leblose, geistlose Materie hervorgerufen werden läßt, während man dort ein geistiges Wesen, Gott, als Urheber des Wunders hinstellt.

Ein Wunder, ein Vorgang gegen das Naturgesetz, ist für den Naturforscher in jedem Falle ein Unmögliches. Ich überlasse es aber dem Urteil eines jeden Wundergläubigen, ob, wenn er doch einmal an Unmögliches glauben will, es dann nicht doch noch glaubwürdiger für ihn sein könnte, daß ein denkender Geist solches tut, als daß eine des Denkens und des Geistes absolut entbehrende, unfähige, leblose Materie Unmögliches tut.

Man kann sich nun von der durchaus unnaturwissenschaftlichen Hypothese dieses Wunders befreien, sobald man annimmt, daß das Leben erstmalig gar nicht auf der Erde entstanden sei; sondern daß es durch andere Weltkörper, welche auf die Erde aufgeschlagen sind, auf diese gebracht wurde.

Bekanntlich ist diese Hypothese ja auch von Helmholtz und anderen besprochen worden. Selbstverständlich würde man sich unter solchen fremden, auf die Erde aufgeschlagenen Himmelskörpern nicht nur jene kleinen Meteorite vorzustellen brauchen, welche wir auf die Erde niederfallen sehen; man könnte vielmehr auch an nennenswert größere, richtige Himmelskörper denken, durch welche das Leben auf die Erde verfrachtet worden wäre.

Die Vorstellung, daß ein solcher Himmelskörper beim Aufschlagen auf die Erde, indem seine Bewegung sich in Wärmebewegung sofort umsetze, im Augenblicke völlig schmelzen und dadurch alles auf ihm, bezüglich in seinen Spalten etwa befindliche Leben vernichtet werden würde, scheint mir nicht statthaft zu sein. Im Augenblicke des Aufschlages erfolgt viel eher, was wenigstens sehr wahrscheinlich ist, vor allem ein sehr starkes Zerspritzen des zerschmetterten Himmelskörpers, wodurch etwa in seinen Spalten vorhanden gewesene Keime von Lebewesen auf die Erde geworfen werden könnten, ohne daß sie zuvor durch die Hitze vernichtet wären.

Wir haben ja in Nordamerika, Arizona, auf dem Colorado-Plateau in dem jetzt sogenannten „Meteorkrater“ nahe dem Cañon Diablo,[1] welcher durch den Aufschlag eines Himmelskörpers auf die Erde erzeugt zu sein scheint, ein Beispiel dafür, wie sich solche größeren Himmelskörper, wenn sie auf die Erde aufschlagen, verhalten; und in dem auf solche Weise entstandenen riesigen Loche, dem sogenannten Krater, sieht man nichts davon, daß etwa der ganze Himmelskörper geschmolzen in dem von ihm geschlagenen Loche läge; sondern im Gegenteil, man sieht, daß er sofort zum überwiegend größten Teil ungeschmolzen zerspritzt sein muß.

Daß derartige Fälle, durch welche ja bekanntlich manche Autoren die Entstehung der sogenannten Mondkratere zu erklären suchen,

[1] Merrill, Smithsonian miscellaneous collections, Bd. 50.

auf der Erde öfter vorgekommen sein können, ist unbestreitbar. Auch Schwarz versucht neuerdings, das Vorkommen eines Eruptivgesteines in Süd-Afrika als entstanden durch den Aufschlag eines Himmelskörpers zu erklären; wobei man freilich, da es sich um sehr alte Zeiten handelt, den Pseudokrater, das geschlagene Loch und die verspritzten Massen des Gesteines als durch die Erosion längst beseitigt sich denken müßte.

Der Frage, ob der Himmelskörper beim Aufschlagen sofort ganz geschmolzen sein müsse oder nicht, kann man übrigens ganz aus dem Wege gehen. Man braucht ja keineswegs anzunehmen, daß alle Keime, welche von dem betreffenden Himmelskörper auf die Erde verfrachtet worden wären, notwendig mit demselben bis auf die Erdoberfläche gelangt sein müßten. Vielmehr könnte man sich leicht vorstellen, daß sie zum Teil durch den, beim Eintritt in die irdische Atmosphäre entstehenden, überaus scharfen Luftzug von jenem Himmelskörper herabgeblasen würden und nun, getrennt von ihrem bisherigen Himmelskörper, auf die Erde herniederfielen.

Zu erwägen wäre nur die Frage, ob solche Keime auf einem Himmelskörper durch das eisige Weltall geführt werden könnten, ohne an dieser niedrigen Temperatur zugrunde zu gehen. Darauf ließe sich erwidern, daß einmal dieser Himmelskörper ebenfalls eine schützende Atmosphäre und eine Temperatur besessen haben könnte, welche auf ihm das Leben möglich machen würde. Es läßt sich aber auch zweitens geltend machen, daß Keime, wie Versuche erwiesen haben, bei sehr niedriger Temperatur nicht zugrunde zu gehen brauchen. Es hat sich gezeigt, daß sie in einen sogenannten abiotischen Zustand übergeführt werden können, aus dem sie dann späterhin bei geeigneter Temperatur wieder in einen biotischen Zustand zurückgeführt werden können.

Indessen eine solche Annahme, daß Leben durch andere Gestirne auf die Erde erstmalig verfrachtet worden sei — so sehr sie auch uns der Notwendigkeit des Glaubens an das Wunder der Entstehung belebter Substanz aus unbelebter auf der Erde enthebt — würde doch die Frage nach der Entstehung des Lebens anscheinend nur von unserer Erde auf einen anderen Stern verlegen. Nun wäre es immerhin vielleicht noch eher denkbar, daß auf einem anderen Gestirn unter anderen Verhältnissen ein solches, für die Erde ein Wunder seiendes Naturgesetz bestehen könnte. Sehr einleuchtend wäre eine solche Annahme freilich nicht. Denn bei einer Einheit des Weltalls muß offenbar auch eine Einheit der Naturkräfte und der Naturgesetze existieren; so daß, was auf Erden gegen das Naturgesetz, mithin ein Wunder sein würde, auch auf anderen Gestirnen vermutlich ein Wunder sein müßte. Wir würden daher mit einer Verlegung der Entstehung des Lebens auf ein andres Gestirn wenig gewinnen und müssen zu anderem greifen.

Meiner Ansicht nach gäbe es für jeden, der die Welt als von Ewigkeit her bestehend annimmt, nur eine einzige konsequente und befriedigende, weil ein jedes Wunder ausschließende Erklärung: nämlich die, daß ebenso wie er sich die Welt als von Ewigkeit her seiend denkt, so auch das Leben als von Ewigkeit her seiend gedacht wird. Damit würde er von dem Wunderglauben an die Entstehung von Leben aus unbelebter Materie befreit sein.

Man darf nicht etwa einwenden, ich stelle ein Unsinniges auf; denn eine solche Annahme von der Ewigkeit des Lebens im Weltall sei darum ein Unding, weil ja die Gestirne anfänglich noch gar nicht in dem Zustande sich befunden hätten, in welchem Leben auf ihnen möglich gewesen sei. Sie hätten sich doch erst allmählich zu einem solchen Zustande der Abkühlung entwickelt haben müssen, in dem sie bewohnbar geworden wären.

Ich denke, ernstlich würde niemand einen solchen Einwurf machen dürfen; denn anderenfalls würde er damit nur beweisen, daß er sich von der Ewigkeit eine unmögliche Vorstellung mache. Wir sehen doch, daß auch die Gestirne nicht unverändert bleiben, sondern sich entwickeln, daß diese ihre Entwicklung aus dem gasförmigen in den flüssigen und dann in den festen Zustand überführt. Wenn daher überhaupt die Welt von Ewigkeit her ist, dann besteht auch eine solche Entwicklung der Welt von Ewigkeit her, dann gibt es also keinen Anfang der Entwicklung. Dann aber müssen von Ewigkeit her, genau ebenso wie heute, Gestirne in den verschiedensten Stadien der Abkühlung und der Gestirnswerdung vorhanden gewesen sein. Es müssen also von Ewigkeit her auch Gestirne existiert haben, welche bereits in dem Zustande sich befanden, daß Leben auf ihnen möglich war.

So hätte sich also das von Ewigkeit her bestehende Leben von Ewigkeit her von Gestirn zu Gestirn fortgepflanzt haben können. Indessen es ergibt sich ein schweres Hindernis:

Voraussetzung eines ewigen Währens des Weltalls und seiner Entwicklung würde natürlich sein, daß die Entwicklung, welche die Gestirne zu durchlaufen haben, sich immer aufs neue wiederholen müßte. Da nämlich Entwicklung der Gestirne, aus dem Gase durch den Feuerfluß in den erkalteten Zustand, ein zeitlich Begrenztes ist, so müßte dieser Entwicklungsvorgang bereits längst, seit einer Ewigkeit abgelaufen sein; denn für eine Ewigkeit würden einige Hundert Millionen Jahre nichts anderes bedeuten als eine Sekunde. Es müßten folglich alle Gestirne seit einer Ewigkeit erkaltet und alles Leben auf ihnen seit unendlich langen Zeiten bereits erloschen sein; und nur in dem Falle, daß sich dieser Entwicklungsprozeß, den wir heute noch beobachten, immer wieder erneuert hätte, würden wir ein ewiges Währen des Weltalls fassen können.

Um nun eine solche immerwährende Erneuerung des Entwicklungsprozesses begreiflich zu machen, nimmt Haeckel in seinen „Welträtseln" an, daß nach Ablauf ihrer Entwicklung die Gestirne immer wieder aufs neue aufeinanderstürzen, dadurch die ursprünglich vorhanden gewesene Wärmemenge wieder erlangen, somit wieder gasförmigen Zustand annehmen und nun den Entwicklungsprozeß in alle Ewigkeiten hinein immer aufs neue wiederholen. Ziehen wir aus einer solchen Annahme einmal die Konsequenz:

Mit Hilfe der Photographie ist jetzt eine so ungeheure Zahl von Fixsternen entdeckt worden, daß man sie schätzungsweise auf mehrere 100, bis 500 Millionen angegeben hat. *Man stelle sich indessen auch nur einige 100000000 Fixsterne vor, die alle von Ewigkeit her und in alle Ewigkeiten hinein immer wieder aufs neue, d. h. also* **jeder unendlich oft** *aufeinanderstürzen* und in alle Ewigkeiten hinein jenen Prozeß wiederholen; obgleich sie doch durch Ausstrahlung in das eisige Weltall unablässig ihre Wärme rettungslos verlieren! Man sieht, Haeckels Ansicht führt zu einer Ungeheuerlichkeit.

Ich muß es mir versagen, die — soweit jetzige Erkenntnis reicht — völlige Unhaltbarkeit einer solchen Ansicht hier darzulegen. Das ist Sache des Physikers, nicht des Paläontologen. Wer eine meisterhaft klare Widerlegung dieser Haeckelschen Lehre aus dem Munde eines unserer ersten Physiker lesen und sich überhaupt belehren lassen will, der nehme die unten angeführten Darlegungen von Chwolson[1] in die Hand.

Es ergibt sich mithin:

Soweit unsere heutige physikalische Erkenntnis reicht, ist eine solche ewige Wiederkehr von Zusammenstößen und von daraus entstehenden, immer wieder neuen Entwicklungsprozessen der Gestirne

[1] Hegel, Haeckel, Kossuth und das zwölfte Gebot von O. D. Chwolson. Braunschweig bei Vieweg 1908. Ferner: Chwolson, Zwei Fragen an die Mitglieder des deutschen Monistenbundes. Ebenda 1908.

eine Unmöglichkeit. Damit zerfließt aber der versuchte **Beweis** für die Annahme, die Welt bestehe mit ihrem Entwicklungsprozesse von Ewigkeit her, in ein Nichts. Und damit wird weiter die — anderenfalls durchaus zulässige — Annahme, daß auch das Leben von Ewigkeit her bestehe, zu einer unerweislichen Annahme.

Auf der anderen Seite können wir als Naturforscher ebensowenig das Wunder uns vorstellen, fassen und glauben, daß die Welt eines Tages aus dem Nichts entstanden oder geschaffen sei.

Somit ergibt sich als einzige, der Wissenschaft würdige, weil wahre Erklärung die: Wir wissen nichts darüber und können nach dem heutigen Stande unserer Erkenntnis nichts darüber wissen, daß die Erde und Welt von Ewigkeit her sind. Wir können es nur glauben.

Wir sahen aber auch vorher, daß wir, mindestens bisher, über die erstmalige Herkunft des Lebens auf Erden gar nichts wissen und zu einem Wunderglauben unsere Zuflucht nehmen müssen, wenn wir an die Urzeugung glauben wollen.

Das ist das der Wahrheit entsprechende Ergebnis. Alle angeblichen Lösungsversuche dieser Rätsel lösen dieselben in Wirklichkeit nicht.

In irgendeiner Weise aber muß einstmals zuerst Leben auf die Erde gekommen sein, aus dem sich dann allmählich das ganze heutige Leben in natürlicher Weise entwickelt hat. Dem wollen wir noch eine kurze Betrachtung widmen.

IV. Polyphyletische Herkunft der irdischen Lebewelt. Der herrschende naturwissenschaftliche Glaube geht wohl dahin, daß zuerst eine einzige Art lebenden Urschleimes entstanden sei, und daß alles Leben auf Erden sich aus diesem entwickelt habe. Dergestalt, daß die ganze Lebewelt, Tiere und Pflanzen, miteinander verwandt seien, also einen einzigen, riesigen, vielverzweigten Baum bilden. Ich halte einen solchen monophyletischen Glauben für ebenso unwahrscheinlich wie unpraktisch.

Wenn jemand doch schon an das Wunder glaubt, daß Leben auf der Erde aus Unleben entstanden sei — warum dann nicht gleich praktisch sein und annehmen, daß Urschleime mit verschiedengearteter Entwicklungsrichtung sich gebildet hätten; die einen zu dem, die anderen zu jenem sich entwickelnd? Es ist gar kein stichhaltiger Grund einzusehen, warum man sich einem die Sache so sehr komplizierenden Glauben hingibt, anstatt sich die Sache zu vereinfachen. Denn wenn verschiedene Urschleime mit verschiedener Entwicklungsrichtung entstanden bzw. sich einstellten, dann geht man der überaus schwierigen Aufgabe aus dem Wege, von der Paläontologie fordern zu müssen, daß sie alle die vielen Übergangsformen aus der einen Gruppe in die andere, so weit wie möglich, uns kennen lehren müsse. Man vereinfacht sich die Sache damit ganz ungemein, ohne daß der Gläubige doch irgend etwas von dem Glauben an die Urzeugung oder an den Transport des Lebens von Gestirn zu Gestirn aufgeben müßte. Die Paläontologie würde vermutlich, trotz aller Lückenhaftigkeit ihrer Überlieferung, uns heute schon viel mehr Übergänge zwischen größeren und kleineren Abteilungen enthüllt haben, wenn wirklich alle Tiere und Pflanzen verwandt, d. h. aus **einer** Art Urschleim hervorgegangen wären.

Dieses monophyletische Dogma ist geschaffen und angenommen worden, weil man fasziniert war von dem Schlagworte der „Einheit". Aber diese angebliche Einheitlichkeit ist in Wirklichkeit etwas ungeheuer Kompliziertes. Mit der Annahme einer polyphyletischen Herkunft der Lebewesen dagegen tauscht man sofort für einen Glauben an ein in ärgster Weise kompliziertes, erschwertes Wunder, den Glauben ein an ein, wenn ich so sagen darf, vernünftigeres, weil unendlich viel einfacheres Wunder.

Man gewinnt aber auch zugleich einen sehr viel praktischeren Glauben. Einmal weil man nicht so viele fossile Übergangsformen herbeischaffen muß. Zweitens, weil man nicht das, sonst ganz Unbegreifliche zu erklären hat, daß noch heute, nach so zahlreichen Jahrmillionen, ungefähr derselbe Urschleim anscheinend in gleicher, unveränderter Beschaffenheit immer noch fortlebt, welcher der Ausgangspunkt der ganzen Lebewelt gewesen sein soll. Man müßte doch fordern, daß diese niederste Stufe längst verschwunden sein, längst zu höheren Stufen sich entwickelt haben müßte. O. Hertwig[1] hat bekanntlich

[1] Handbuch der vergleichenden und experimentellen Entwicklungsgeschichte der Wirbeltiere. 1906, Bd. III, Kap. 10. Über die Stellung der vergleichenden Entwicklungslehre usw.

vor kurzem in beredtester Weise einer polyphyletischen Auffassung der Lebewelt Ausdruck gegeben.

Anstatt eines einzigen unförmlichen Riesenbaumes gewinnt man auf solche Weise die Vorstellung von einer Anzahl kleinerer Bäume, die nicht miteinander verwandt sind.

V. Dogmen und Lehrmeinungen — so segensreich und befruchtend sie auch sein können, solange jeder sich voll und ganz bewußt ist, daß der Weg der Wissenschaft über zahllose totgeschlagene Dogmen führt, denen einst als erlösenden Gedanken zugejubelt worden ist — sie werden zum Tode der freien Forschung, sobald sie zum Dogmengebäude verfestigt werden, über dessen reiner Bewahrung Fanatiker eifersüchtig wachen (S. 84).

Mommsens Wort, daß Wissenschaft voraussetzungslos sein muß, wenn sie überhaupt sich noch Wissenschaft nennen will, ist, richtig aufgefaßt, eine so hohe Wahrheit, daß sie über der Eingangstür einer jeden Universität und eines jeden Institutes unvergänglich in Stein gehauen stehen sollte. Aber man müßte auch noch die Worte recht deutlich lesbar darunter setzen: „Richtet Euch auch danach!" Denn es gibt, wie wir sahen, solche, die zwar den Dogmen der Kirche gegenüber Mommsens Wort voll und ganz im Gedächtnis haben, aber den wissenschaftlichen Dogmen gegenüber, zumal den von ihnen selbst geschaffenen, merkwürdig kurz von Gedächtnis sind.

Emil du Bois-Reymonds Ignoramus, Ignorabimus wird zwar von Haeckel für das Produkt eines altersschwach gewordenen Gehirnes erklärt. Aber mit so zweischneidigen Waffen, die einen selbst verletzen können, sollte man vorsichtig sein. Zumal hier, wo sich diese Waffe Haeckels zugleich auch gegen einen anderen Mann kehrt, dem Haeckel gewiß unter keiner Bedingung den Vorwurf des Gehirnschwundes wird machen wollen: dieser Mann sagt nämlich ebenfalls:

„Zu untersuchen, in welcher Weise die geistigen Fähigkeiten zuerst in den niedersten Organismen sich entwickelt haben, ist eine ebenso hoffnungslose Untersuchung als die, wie das Leben zuerst entstand. Dies sind Probleme für eine ferne Zukunft, wenn sie überhaupt je von Menschen gelöst werden können."[1]

„Das Geheimnis des Anfangs aller Dinge ist für uns

[1] Descent of man. S. 100.

unlösbar; und ich für mein Teil muß mich bescheiden, ein Agnostiker zu bleiben."[1]

Das ist mit anderen Worten dasselbe, was du Bois-Reymond gesagt hat. Ich bin aber sicher, daß niemand hier von einem Verfall der Hirnfunktionen des unsterblichen Mannes zu reden wagen wird, der diese Aussprüche tat: Charles Darwin.

VI. Der Glaube an ein Geistiges in der Welt, an einen Gott. Es ist eine auffallende Erscheinung unserer Zeit, daß Professoren der Naturwissenschaft den Drang in sich fühlen, öffentlich ihr negatives Glaubensbekenntnis in bezug auf Gott zu verkünden. Auffallend darum, weil Glaube in dieser Beziehung nichts mit naturwissenschaftlicher Forschung zu tun hat und dieser Unglaube ja auch nur auf einem Glauben, nicht auf einem Wissen beruht. So trat vor einigen Jahren, von chemischer Seite, Ladenburg vor die Naturforscher-Versammlung zu Kassel mit dem Bekenntnisse des Inhaltes, es gäbe keinen Gott, ein Gott sei nun überflüssig; und Ähnliches gab, von zoologischer Seite, Haeckel in seinen „Welträtseln".

Ein tiefer Unterschied aber lag darin: Ladenburg gab sein Bekenntnis lediglich vor einer Versammlung von Naturforschern, die ohne weiteres unterscheiden können, das was in einem Vortrage auf positivem Wissen beruht, und das was lediglich Glaubenssache ist. Im Gegensatze dazu trat Haeckel mit dem zu einem Dogmengebäude ausgebauten Monismus in seinen „Welträtseln" vor allerweiteste Kreise, denen zum ganz überwiegend größten Teile alle naturwissenschaftlichen Kenntnisse fehlen, um sich ein Urteil darüber bilden zu können, was in seinem Buche richtig, was unrichtig, was gesicherter Besitz unseres Wissens, was Glaubenssache oder Hypothese ist. Hier lag also ein Zweck vor: Der neue Glaube sollte weitesten Kreisen gegeben und die alte Religion, als überlebt und töricht dargestellt, ihnen genommen werden. Zur Verstärkung der Wirkung aber mußte es dienen, wenn in den „Welträtseln" eine Verfemung, ich glaube es nicht anders, der anders denkenden Naturforscher erfolgte, insofern, als allen Solchen „Mut" zu einer richtigen Lebensanschauung, „Ehrlichkeit" und „Unterrichtetsein" abgesprochen wurden, die nicht gleicher Ansicht wie Haeckel sind.

[1] Life and letters I, S. 313. (Ich zitiere beide Aussprüche in dem Wortlaute von G. Schwalbe.) Über Darwins Werk: Die Abstammung des Menschen (Schweizerbart, Stuttgart 1871) siehe Schwalbe, S. 445 und 452 in der Zeitschr. f. Morphologie und Anthropologie Bd. XII, Heft 3 (1909).

Ich glaube damit kurz und objektiv berichtet zu haben.

Was dem einen Standpunkte recht ist, wird dem anderen billig sein; das aber um so mehr, als ein solches absprechendes Urteil, wie es Haeckel öffentlich über naturwissenschaftliche Vertreter eines von dem seinen abweichenden Standpunktes fällt, diesen — wie mir scheint — geradezu die Verpflichtung auferlegt, alle Scheu in dieser Beziehung zu überwinden und öffentlich die eigene innerste Ansicht auszusprechen. Unter diesem Gesichtspunkte mag es daher auch mir gestattet sein, hier kurz zu sagen, was ich glaube; wenngleich das Glaubensgebiet, als etwas Unerweisbares, anderenfalls nicht in eine naturwissenschaftliche Arbeit hineingehören würde.

Zwei diametral voneinander geschiedene Weltanschauungen stehen sich gegenüber. Die eine, von Haeckel in den „Welträtseln" vertretene, sagt: „Es gibt nur Materie, nur Körperliches; denn unsere Sinne und unser Gehirn vermögen nichts rein Geistiges in der Welt zu empfinden und wahrzunehmen." Unsere Sinne und unser Gehirn werden damit also für unfehlbar und für so höchst organisiert erklärt, daß es in der Welt nichts geben könne, das sich ihrer Kenntnis zu entziehen vermöchte. Und die Welt selbst, dieses für uns wichtigste und zugleich rätselhafteste aller Rätsel wird zu einen geistig Leeren, Inhaltslosen.

Die andere Weltanschauung sagt: „Es gibt außer dem Körperlichen, der Materie, noch ein Geistiges, die Welt hat einen geistigen Inhalt. Unsere Sinne und unser Gehirn sind eben nicht unfehlbar und nicht höchst organisiert, wir können sie also nicht zum Richter über diese Frage machen."

Es läßt sich meiner Ansicht nach sehr wohl annehmen, daß auf anderen Planeten anderer Fixsterne sich Wesen mit ganz anderen Begriffsvermögen entwickelt haben, als auf der Erde; Wesen, von denen Dinge begriffen werden, die uns unbegreiflich sind. Denn es wäre eine, wohl auch von keinem Monisten geteilte, völlig unwahrscheinliche Vorstellung, daß unter den 300 bis 500 Millionen von Fixsternen nur allein der eine einzige, unsere Sonne, Planeten gehabt habe, habe und haben werde, auf denen Leben möglich war, ist und sein wird; und daß auf all diesen das Leben sich nur genau nach dem Schema des irdischen Lebens und nur bis zur Höhe des jetzigen irdischen Menschen entwickelt haben könne. Eine solche Vorstellung würde so geozentrisch und so anthropozentrisch sein, würde die Erde und die Menschen so als den Mittelpunkt der ganzen Welt auffassen, daß sicher kein Monist diese Vorstellung hegen würde.

Wenig Naturforscher wird es geben, die nicht gleich mir den Glauben hegen, daß die Welt zeitlich von Ewigkeit her und daß sie räumlich unendlich sei; obgleich wir doch absolut unvermögend sind, eine Ewigkeit und eine Unendlichkeit zu fassen; unser Begriffs- und Vorstellungsvermögen ist eben an zeitlich und räumlich Begrenztes gebunden. Wohl aber ist es sehr wohl denkbar, daß auf anderen Planeten anderer Fixsterne anders organisierte Wesen leben, denen Ewigkeit und Unendlichkeit ganz leicht verständliche Begriffe sind; Wesen, die uns mit unserem beschränkten Begriffsvermögen mit Recht etwa ebenso als überaus minderwertig betrachten würden, wie wir das Vorstellungs- und Begriffsvermögen irgendeines Tieres, etwa eines Hundes.

Ich sollte meinen, auch dies wird kein Monist von der Hand weisen; denn wenn es doch in der Welt eine Ewigkeit und eine Unendlichkeit gibt, warum sollten denn dann keine Lebewesen denkbar sein, denen das einfache, leicht verständliche Begriffe sind?

Ist dem aber so, warum sollen denn dann nicht auch auf anderen Gestirnen Lebewesen denkbar sein, denen ein geistiger Inhalt der Welt, ein geistiges Wesen, ein ebenso verständlicher Begriff ist, wie er uns unverständlich ist? Das ist doch genau dasselbe.

Ewigkeit und Unendlichkeit sind uns genau ebenso unverständlich und unfaßbar und unbeweisbar wie ein geistiges Wesen; und trotzdem glauben wir Naturforscher blindlings, bedingungslos an erstere. Die Konsequenz fordert, daß der Glaube an letzteres als ebenso berechtigt angesehen wird.

Warum soll es denn unmöglich sein, daß die Welt einen geistigen Inhalt habe? Warum soll denn das Ganze nur ein Körperliches sein, warum soll nur Materie existieren können? Es ist nicht der mindeste Grund dafür einzusehen, daß die Welt notwendig ziellos, zwecklos, sinnlos sein sollte, sein müßte. Es scheint mir im Gegenteil unendlich viel wahrscheinlicher, daß die Welt einen Sinn, einen Zweck, ein Ziel hat, daß ein Geistiges in der Welt vorhanden ist. Deswegen das ableugnen, für unmöglich erklären wollen, weil wir es nicht begreifen und einsehen können, scheint mir in ganz demselben Grade weise und einsichtig, als wenn der oben im Beispiel genannte Hund unsere Gedanken, unsere geistigen Bedürfnisse, Ziele und Zwecke als nicht vorhanden erklären wollte, weil er sie nicht versteht, von ihnen keine Ahnung hat.

Ich möchte meinen, der Monismus würde eine solche Anschauung, wie ich sie hier vertrete, auch ruhig als möglich gelten lassen, er würde sie durchaus nicht bekämpfen, wenn sie nicht von einem so dichten Rankenwerk von Dogmen umsponnen wäre, durch welche ihr innerer, durchaus glaublicher und daher berechtigter Kern verhüllt wäre. Ich möchte meinen, der Monismus, oder richtiger gesagt, die Fanatiker der Monismus, laufen nur deswegen Sturm gegen eine solche Anschauung, weil sie deren Berechtigung vor all den Dogmen nicht sehen, weil ihnen die Dogmen ein solcher Dorn im Auge sind. Sie vergessen nur, daß sie selbst dem allgemeinen Menschenlose verfallen, das uns dahin drängt, alles in feste Formen, in Dogmen zu gießen; denn Haeckel hat ja in seinen „Welträtseln" ebenfalls sich nicht diesem Lose entziehen können und ein ganzes, großes Dogmengebäude über dem Monismus aufgeführt.

Wir sollten aber über den Dogmen nicht den Inhalt übersehen.

Ich glaube an einen geistigen Inhalt der Welt, also an ein Göttliches in derselben, das sich aber nicht erfassen, nicht begreifen läßt, das man wohl mit Dogmen umspinnen kann, ohne es jedoch deswegen besser zu verstehen. Wenn auch die Welt unendlich und von Ewigkeit ist, wenn auch das Leben von Ewigkeit her besteht oder aber von selbst auf der Erde entstanden ist — darin könnte wohl ein Widerspruch gegen einige Dogmen liegen, nun und nimmer aber kann das jenen meinen Glauben stören. Wie könnten Ewigkeit und Unendlichkeit der Welt und Ewigkeit des Lebens in derselben oder auch die Entstehung des Lebens aus unbelebter Materie einen Beweis gegen das Dasein eines Geistigen in der Welt, eines Göttlichen bilden?

Die naturwissenschaftlichen Dogmen der Kirche kann man ohne weiteres ablehnen und deswegen doch an ein Geistiges glauben.

Der Gottesgedanke, der Gedanke an einen geistigen Inhalt der Welt, braucht also niemand zu hindern, voll und ganz ein Naturforscher zu sein und alle und jede alte wie neugefundene naturwissenschaftliche Tatsache oder Konsequenz aus derselben, sowie jedes Naturgesetz als selbstverständlich anzuerkennen. Es ist ein Märchen, daß ein Naturforscher notwendig Atheist sein müßte.

Ich lege übrigens nicht den mindesten Wert auf den vorhin ausgesprochenen Gedanken, daß auf anderen Planeten anderer Fixsterne Lebewesen sich befinden könnten, welchen ein geistiges Wesen ein ebenso Verständliches sei, wie es uns ein Unverständliches ist.

Das Dasein des geistigen Inhaltes der Welt, Gottes, steht und fällt natürlich nicht damit, daß Wesen vorhanden oder nicht vorhanden sind, die ihn voll erkennen können. Die Gestirne bleiben doch auch im Weltall, gleichviel ob Augen vorhanden sind, die sie sehen oder nicht.

Die Frage des Gottesgedankens hat aber noch eine ganz andere Seite: Ich bin überzeugt, daß für die sittliche Entwicklung des Menschengeschlechtes der Gottesgedanke nicht zu entbehren ist, ohne daß diese Entwicklung rückwärts schreitet. Darum halte ich diese öffentlichen, für weiteste Kreise berechneten Angriffe, wie sie jetzt von Haeckel und anderen gegen den Gottesgedanken und gegen die christliche Religion geübt werden, für ein Verbrechen gegen die sittliche Entwicklung der Menschheit.

Ich rede selbstverständlich nur aus sachlichen Gründen, füge also gern hinzu, daß hier nur von einem objektiven Verbrechen die Rede ist, von keinem subjektiven. Aus dem einfachen Grunde, weil diese Männer gar keine Ahnung von dem unendlichen geistigen Werte und Schatze haben, den der Menschheit zu rauben und zu zerstören sie sich die erdenklichste Mühe geben.

Mag jeder denken über Glauben und Dogmen, wie er wolle; damit kränkt und stört er niemand. Aber wer das, was Zahllosen ein inneres Bedürfnis, eine heilige Überzeugung, ein Ansporn zum Guten, ein fester Halt im Leben, eine Stütze im Unglück ist, wer das so herunterzieht, so im Zerrbilde darstellt, wie Haeckel das mit dem Glauben anderer und der christlichen Religion in seinen „Welträtseln“ tut — der bezeugt gegenüber dem Geistesleben seiner Mitmenschen ganz dieselbe Gesinnung, wie sie der erste Napoleon gegenüber deren körperlichen Leben so deutlich zum Ausdruck brachte mit seinem bekannten: „Ich spucke auf das Dasein von hunderttausend Menschen.“

Nur aus der völligen Verkennung des eigentlichen Wesens der Religion ist es zu erklären, wenn ernste Männer der Wissenschaft die christliche Religion zu zerstören trachten. Der Kirchen, d. h. der Dogmengebäude, gibt es viele; aber sie sind doch nur die verschieden gefärbten und verschieden geformten, zum Teil auch phantastisch gestalteten Gewänder, von denen **die** Religion umhüllt wird; denn es gibt nur eine Religion. Wen aber kümmert wohl die, manchem vielleicht zu buntfarbig und theatralisch erscheinende Uniform des Soldaten, wenn doch der Mann, der in derselben steckt, ein ganzer Mann ist und seinen Zweck voll und ganz erfüllt? Welcher vernünftige Mensch möchte, um die ihn vielleicht ärgernde Uniform vernichten zu können, auch den in ihr steckenden Mann vernichten?

Ganz ebenso aber sind doch die Dogmengebäude nur die verschiedenen Uniformen und die Religion der eigentliche Kern, der Inhalt, der seinen Zweck voll und ganz zu erfüllen vermag. Alle Kirchen, die Anspruch auf sittliche Tiefe machen wollen, haben und können haben nur denselben Zweck und Inhalt; und selbst der Atheist — so scheint mir — wenn er trotz seines Atheismus ernstestes sittliches Streben hat, kann für dieses Streben nur denselben Inhalt haben. Daraus ergeben sich dann zwei Definitionen für Religion, die verschieden lauten, jedoch ungefähr gleiches besagen:

Für den Theisten ist Religion: Der Verkehr der Seele mit dem geistigen Inhalt der Welt, mit Gott. Unter welcher äußeren Form und auf welchem etwaigen Umwege, d. h. ob direkt oder über gedachte Mittelspersonen — das erscheint mir dabei mehr nebensächlich, wenn nur die Hauptsache angestrebt wird.

Für den Atheisten ist Religion, falls er sie eben haben will bzw. hat: Der Verkehr des Individuums mit seinem Gewissen. Aber — selbstverständlich nicht mit einem Gewissen, das durch eine tägliche Flut von trüben Gedanken allmählich mit einer so dicken Schmutzschicht bedeckt ist, daß das Individuum nichts von dem Spiegelbilde seines Innern mehr darin erkennen kann. Sondern mit einem Gewissen, das nur durch mühseliges tägliches Putzen und Arbeiten spiegelblank erhalten wird. Sobald der Atheist einen derartigen regen Verkehr mit seinem Innern hat, dann — er mag sich noch so sehr gegen diese, ihn, wie er vielleicht meint, beleidigende Unterstellung wahren — dann besitzt auch er Religion. In der christlichen Kulturwelt übrigens steht der Atheist, vielleicht ohne sich dessen bewußt zu sein, ganz unter dem Einflusse des Geistes der christlichen Religion. Er mag sich noch so sehr dagegen verwahren — er ist und bleibt doch ein Kind seines Jahrhunderts, seines Volkes und dessen Religion. Er findet und kennt seit Kindesbeinen an um sich herum nichts, absolut nichts Wichtiges, Entscheidendes, das nicht vom christlichen Geiste durchtränkt wäre. Wenn er auch den christlichen Glauben abgeschüttelt hat, den christlichen Geist um sich herum wird er nicht los, denn er umgibt ihn von Kindheit an, wo er geht und steht. Ist daher ein Atheist ein solcher, wie ich ihn oben schilderte, dann hat er auch den Geist der Religion in sich, die ihn von Kindesbeinen an umgibt.

Man erkennt indessen leicht den überaus schwerwiegenden Unterschied: Für den Theisten ist die Erfüllung seiner Aufgabe, Religion zu haben, eine unendlich viel freudigere und leichtere, als für den Atheisten. Dazu bedarf es keiner Auseinandersetzung; denn ersteren treibt alles dazu an, seiner Aufgabe, soviel eben in seinen Kräften steht, gerecht zu werden. Letzteren aber treibt, im allgemeinen, absolut nichts dazu an; denn zu welchem Zwecke sollte der Atheist sich darin bemühen? Und nur im Sonderfalle, da, wo trotz des Atheismus tiefernstes sittliches Streben herrscht und sich in der oben gekennzeichneten inneren Arbeit äußert, nur da wird ein ähnliches Ziel angestrebt. In diesem Sonderfalle ist dann zwar das Streben des Atheisten, wie schon gesagt, dem des Theisten nahegerückt, mag auch sein Glaube diametral verschieden von dem des letzteren sein. Jener schwerwiegende Unterschied besteht aber trotzdem darin, daß der Atheist mit einer absolut freudlosen, zukunftslosen und darum unendlich schweren Aufgabe sich abmüht; und so wird er sich wieder und immer wieder fragen müssen: Wozu dieses zwecklose Mühen?

Vollends die Menge aber wird sich das mit vollstem Erfolge fragen; nämlich mit dem Erfolge, daß die sittliche Entwicklung der Menschheit wieder hinab in die Tiefe anstatt hinauf in die Höhe geht. Denn das ganze Geheimnis des grunzenden Behagens, mit dem die Menge die Lehre des Atheismus so willkommen heißt — kein Buch hat wohl je solche Erfolge gehabt, wie Haeckels billige Volksausgabe der „Lösung der Welträtsel“ —, liegt in der Trägheit der Massen in sittlicher Hinsicht begründet. Sie wollen sich in dieser Hinsicht nicht anstrengen; auch solche wollen es vielfach nicht, die in ihrem Berufe, ihrer Arbeit die Anstrengung wahrlich nicht scheuen. Durch den Atheismus wird den Massen das Leben in sittlicher Hinsicht so unsäglich bequem gemacht — darin liegt das Geheimnis jenes Erfolges. Sie dürfen nun heruntersteigen von der unbequemen Höhe, zu welcher die Menschheit durch die christliche Religion in sittlicher Beziehung sich entwickelt hat — eine Höhe, auf welcher der Mensch sich nur durch Anstrengung erhält und von der aus er nur durch Anstrengung weiter kommt — hinab auf die bequemen Weideplätze, auf denen das Tier sich wälzt.

Wenn je das tragische Geschick sich vollzogen hat, daß das Lebenswerk eines um die Wissenschaft hochverdienten Mannes beschlossen wird mit einer Arbeit, die der Menschheit zum tiefsten Unsegen wird, so hat es sich vollzogen an E. Haeckel. Zweifellos hat Haeckel das alles geschrieben mit der Absicht und in dem festen Glauben, der Menschheit zu nützen, indem er ihre Religion und ihren Glauben ihr zu nehmen und zu zerschlagen sucht. Aber ebenso zweifellos hat er das diametrale Gegenteil damit bewirkt, die schwerste Schädigung hervorgerufen. Und ebenso zweifellos hat er — sicher ebenfalls ohne das zu wollen — mit seinem religiösen Nihilismus nur dem politischen Nihilismus Vorspanndienste geleistet, dem es gerade recht ist, den Träger eines so berühmten Namens nolens volens vor seinen Wagen spannen zu können.

Gewiß, wenn die Wahrheit beim Atheismus läge, dann dürfte die Frage, ob der Menschheit ihre Aufgabe erleichtert oder erschwert wird, keine Rolle spielen, dann müßte unter allen Umständen dem Atheismus zugestrebt werden; denn die Wahrheit hat uns über alles zu gehen und alle Zweckmäßigkeitsgründe haben zurückzutreten hinter der Wahrheit. Aber welcher Monist kann denn guten Gewissens sagen, er wisse, daß bei seiner Ansicht die Wahrheit sei? Keiner.

Ein Wissen besitzt in dieser Frage niemand, weil kein Mensch es besitzen kann. Nur ein Glauben steht dem Atheisten ebenso wie dem Theisten zu Gebote. Aber ich meine, der Glaube des Theisten ist unendlich viel berechtigter, begründeter, als der des Atheisten: Eine Vorstellung von der Welt ohne einen geistigen Inhalt derselben, nur als einer absolut geistlosen Materie — das erscheint mir doch, man gestatte den Ausdruck, als eine zu dumme Sache. Diese ganze Welt, ohne einen geistigen Inhalt derselben, wäre ein sinnloses, zweckloses, törichtes, unverständliches Ding. Eine annehmbare, begreifliche, vernünftige Form gewinnt die Welt erst dann, wenn man auch ein Geistiges in derselben annimmt. Und darum glaube ich an ein Geistiges in der Welt.

Freilich, die Organe zum richtigen Erkennen desselben fehlen uns. Und darum erscheint mir alles Grübeln über diese Dinge, die uns verschleiert sind, weil wir nicht hoch genug entwickelt sind, als erfolglos; und alles Glauben an die Möglichkeit, geistiges Wesen mit unseren Sinnen direkt wahrnehmen zu können, ist unsinnig. Aber ebenso ist alle Behauptung hinfällig, daß allein der ein echter Naturforscher sein könne, welcher nur das für möglich erklärt, was er mit seinen Sinnen erfassen könne; um so hinfälliger, als die Vertreter dieser Anschauung damit ja indirekt das ganz Unwahrscheinliche behaupten, daß wir die denkbar höchst entwickelten Wesen seien, die es in dieser an Abstufungen so reichen Lebewelt im ganzen Weltall geben könne; und um so hinfälliger, als jene ja sogleich aus der Rolle fallen, indem sie doch auch an Unendlichkeit des Raumes und Ewigkeit der Zeit glauben, obgleich diese Begriffe für unsere Sinne ebenfalls nicht erfaßbar sind.

Wohl bin ich mir bewußt, daß meine Anschauungen unter den Naturforschern zurzeit sehr viele Gegner haben mögen. Aber ich bin ebenso überzeugt, daß das sich ändern wird, sobald einmal der Rausch und die Selbstüberhebung verflogen sein werden, die durch die gewaltige Entwicklung der Naturwissenschaften in vielen ihrer Vertreter hervorgerufen worden sind.

Lediglich um der Sache willen, nicht um jemand persönlich nahe zu treten, habe ich hier gesagt, was ich in bezug auf unsere jetzige Kenntnis vom fossilen Menschen, wie in bezug auf diese Fragen für wahr halte. Sollte es mir indessen trotzdem abermals (S. 84—87) beschieden sein, deswegen von Fanatikern entgegengesetzter Ansicht verunglimpft zu werden — nun, so soll mir das eine Ehre sein.

Zusammenfassung

des in diesen Schlußbetrachtungen Gesagten; wobei ich unter „Monismus“ diejenige Fassung desselben verstehe, die ihr von Ernst Haeckel gegeben ist.

1. Reine Wissenschaft kann nur gedeihen in absoluter Freiheitsluft. Ein Mann der Wissenschaft daher, der unfrei ist — sei es, daß er Vorgesetzte habe, deren Befehlen oder kirchlichen Dogmen er gehorchen muß, sei es, daß er unter der Herrschaft einer wissenschaftlichen Lehrmeinung steht, über deren richtiger, vorschriftsmäßiger Befolgung fanatische Wissenschaftspriester wachen — ein solcher Mann marschiert in der Wissenschaft mit befohlener, mit gebundener Marschroute. Sein Weg führt hinein in das Vorgeschriebene, nicht in das Freie (S. 88).

2. Der Monismus verurteilt mit vollstem Rechte alle Unduldsamkeit, die von kirchlichen Fanatikern gegen Andersdenkende geübt wird. Aber die monistischen Fanatiker besitzen genau denselben Fehler, denn sie beweisen ganz die gleiche Unduldsamkeit gegenüber Andersdenkenden und bedrohen damit die Freiheit der Wissenschaft in völlig gleicher Weise wie jene (S. 84—87).

3. Der Monismus fordert, indem er die Entstehung belebter Materie aus unbelebter annimmt, einen Wunderglauben; ganz ebenso, wie das in anderer Weise die Kirche tut. Diese letztere legt die Kraft, Wunder zu tun, d. h. gegen die Naturgesetze zu handeln, wenigstens in die Hand eines lebendigen, geistigen Wesens; jene

in die Hand der toten und geistlosen Materie! Für den, der überhaupt an Wunder glauben will, muß ersteres viel anmutender erscheinen als letzteres. Wer dagegen frei von Wunderglauben sein will, für den gibt es nur die eine einzige Erklärung: Daß auch das Leben von Ewigkeit her in der Welt besteht; vorausgesetzt natürlich, daß die unbelebte Materie von Ewigkeit her ist (S. 90).

4. Die Entwicklung der Gestirne aus gasigem, durch feurigflüssigen in festen Aggregatszustand ist ein zeitlich begrenzter Vorgang. Wenn die Welt daher von Ewigkeit her besteht, so müßte entweder diese Entwicklung der Gestirne schon seit einer Ewigkeit abgelaufen, alles müßte erloschen, starr, tot sein. Oder sie müßte sich unendlich oft wiederholen. Da das erstere nicht der Fall ist, so fordert der Monismus, um die Ewigkeit der Materie zu beweisen, den Glauben an letzteres und damit an Ungeheuerliches, absolut Unwahrscheinliches, vor allem aber physikalisch ganz Unmögliches. Man stelle sich die vielleicht 500000000 Gestirne vor, schon seit Ewigkeit her und in alle Ewigkeiten hinein alle ewig immer wieder aufeinander stoßend, dadurch ewig wieder verdampfend, ewig ihren Entwicklungsgang aufs neue wiederholend! Einige Überlegung bereits sollte genügen, daß jeder Naturforscher derartiges von sich wiese (S. 96—98). Difficile satiram non scribere. Gegen diese Lehre Haeckels sind die wunderbarsten kirchlichen Dogmen ein Nichts.

In Wirklichkeit liegt die Sache so: Beweisen können wir die Ewigkeit der Welt nicht, wir können sie nur glauben; darum glauben, weil es für ein naturwissenschaftlich denkendes Gehirn unmöglich ist, einen Anfang der Welt aus dem Nichts sich zu denken. Wir stehen also vor einem ungelösten Rätsel, nicht vor einem gelösten.

5. Der Monismus fordert ferner den Glauben an kaum Glaubliches, die Dinge unnötig Komplizierendes, wenn er lehrt, daß alle Tiere und Pflanzen aus einer einzigen Art Urschleim entstanden, also monophyletischer Entstehung, alle miteinander verwandt sein sollen. Unvergleichlich viel glaubhafter, leichter zu begreifen, mit dem gegenwärtigen Stande der Paläontologie in Einklang zu bringen ist die Annahme einer polyphyletischen Herkunft der irdischen Lebewelt. Es ist ganz unfaßbar, warum die leblose Natur, wenn man ihr doch die Fähigkeit zuschreibt, Wunder zu tun, d. h. Leben zu erzeugen, gerade nur soviel Fähigkeit besessen haben sollte, eine einzige Art Urschleim zu erzeugen! Warum sollte sie denn dann nicht auch fähig gewesen sein, verschiedene Arten von Urschleim zu schaffen? Ganz die gleiche Überlegung gilt, mutatis mutandis, für

den, welcher annimmt, daß das Leben von anderen Gestirnen her auf die Erde verfrachtet worden ist (S. 99).

6. Der Monismus fordert — ganz ebenso wie die Kirche, nur auf anderem Gebiete — einen Glauben an gewisse Dinge, welche wir weder beweisen, noch auch nur verstehen und begreifen können, weil uns die Organe dazu fehlen: Den Glauben an die Ewigkeit der Materie und die Unendlichkeit des Weltalls.

Der Monismus ist aber sehr inkonsequent, wenn er wohl für sich das Recht in Anspruch nimmt, an unfaßbare Dinge glauben, das bei anderen aber für unsinnig erklärt (S. 108).

7. Der Monismus fordert auch einen Wunderglauben, wenn er lehrt, daß die absolut geistlose Materie die Kraft haben solle, nicht bloß Leben, sondern auch „Psychoplasma“, also das, was wir Geist nennen, zu erzeugen. Aus Nichts kann auch nur Nichts werden; Geist kann daher auch nur aus Geist herkommen. Die Annahme eines ursprünglichen Geistigen in der Welt ist somit eine notwendige, natürliche; die Annahme dagegen, daß Geist aus Nicht-Geist entstanden sei, eine gekünstelte, unnatürliche. Man stelle sich Kohlenstoff, Wasserstoff, Sauerstoff, Stickstoff vor. Aus der Verbindung dieser leblosen und geistlosen Stoffe soll nicht nur vegetierendes Leben, sondern auch alles das entstehen, was wir als Geist, Seele bezeichnen! Daß sich alles das, wenn es einmal vorhanden ist, durch Entwicklung steigern, potenzieren kann, läßt sich wohl verstehen. Daß es aber erstmalig aus Leblosem, Geistlosem von selbst entstanden sei — dieses Wunder kann ich nicht verstehen. Geistiges muß von Ewigkeit her bestanden haben (S. 90.)

8. Die Organe zum richtigen Verstehen und Erfassen dieses geistigen Inhaltes der Welt fehlen uns ebenso, wie die zum Begreifen der Ewigkeit und Unendlichkeit (S. 108).

9. Es ist ein Märchen, daß ein voller, ganzer Naturforscher bzw. Zoolog nicht zugleich auch an einen geistigen Inhalt der Welt glauben, nicht Theist sein könnte; ein Märchen, dadurch gebildet, daß man Religion und religiöse Dogmengebäude miteinander verwechselt hat (S. 108).

10. Der Mensch muß sich natürlich ganz ebenso allmählich entwickelt haben, wie die anderen Lebewesen. Ebenso muß sich sein Geist aus niederen Anfängen entwickelt haben. Das kann aber nicht im mindesten gegen das Dasein eines Geistigen in der Welt, eines Gottes sprechen; sondern höchstens gegen gewisse Dogmen, die damit verknüpft sind.

11. Die Behauptung des Monismus, daß wir alle Welträtsel lösen können, besagt mit anderen Worten, daß es nur das geben könne, was unsere Organe auch zu erfassen vermögen. Damit aber stellt der Monismus, ohne es direkt auszusprechen, den Menschen als das denkbar höchst organisierte Lebewesen in der Welt hin; was sich natürlich nicht aufrecht erhalten läßt. Er gibt dem Menschen daher ähnlich eine einzigartige, fast anthropozentrische Stellung, wie die Kirche das, wenn auch nach anderer Richtung hin, tut. Bei dieser verurteilt er das auf das schärfste; sich selbst gestattet er es (S. 108).

MIX
Papier | Fördert gute Waldnutzung
FSC® C083411

Zeitfracht Medien GmbH
Ferdinand-Jühlke-Straße 7
99095 Erfurt, Deutschland
produktsicherheit@kolibri360.de